Faserforschung und Textiltechnik

Begründet von
Erich Correns und Walter Frenzel

Herausgegeben von
Wolfgang Bobeth · Hermann Klare
Burkart Philipp · Christian Ruscher

Schriftleiter
J. Brämer und I. Ruscher

Akademie-Verlag
Berlin

Faserforsch. u. Textiltechnik / Z. Polymerforsch.
25. Jahrg. · Heft 10 · Seiten 419—468 · Berlin, im Oktober 1974
FSTXA7 25 (10) 419—468 (1974)
Preis: 15,— M · Sonderpreis DDR: 9,— M

Faserforschung und Textiltechnik

Zeitschrift für Polymerforschung

Die Zeitschrift „Faserforschung und Textiltechnik/ Z. f. Polymerforschung" erscheint monatlich in Heften zu 48 Textseiten im Format A 4. Der Preis für das Einzelheft beträgt M 15,– (Sonderpreis für DDR M 9,–), für den Vierteljahrbezug M 45,– (Sonderpreis für DDR M 27,–), zuzügl. Bestellgeld. Die Berechnung erfolgt zu Beginn eines Vierteljahrs für 3 Hefte. Falls keine Bezugsmöglichkeit durch eine Buchhandlung vorhanden ist, wenden Sie sich bitte in der Deutschen Demokratischen Republik an ein Postamt oder den Verlag, in den sozialistischen Ländern an den jeweiligen Postzeitungsvertrieb, in der Bundesrepublik Deutschland an die Auslieferungsstelle Kunst und Wissen, Erich Bieber, 7 Stuttgart 1, Wilhelmstraße 4–6, in allen übrigen Ländern an den internationalen Buch- und Zeitschriftenhandel oder den Buchexport, Volkseigener Außenhandelsbetrieb der Deutschen Demokratischen Republik, DDR-701 Leipzig, Postschließfach 276, oder den Akademie-Verlag, DDR-108 Berlin, Leipziger Str. 3–4 (Fernruf: 220441; Telex-Nr. 0112020; Postscheckkonto 35021). Bestellnummer dieses Heftes: 1014/25/10. Alleinige Anzeigenannahme DEWAG-WERBUNG, DDR-1054 Berlin, Wilhelm-Pieck-Str. 49, und alle DEWAG-Betriebe in den Bezirksstädten der DDR.

Herausgeber und verantwortlich für den Inhalt: Prof. Dr.-Ing. habil. Wolfgang Bobeth, Institut für Technologie der Fasern der Akademie der Wissenschaften der DDR, 801 Dresden, Hohe Str. 6, Fernruf: 46580, Prof. Dr. Hermann Klare, Prof. Dr. habil. Burkart Philipp und Prof. Dr. habil. Christian Ruscher Institut für Polymerenchemie der Akademie der Wissenschaften der DDR, 153 Teltow-Seehof, Fernruf: Teltow 4831. Schriftleiter: Joachim Brämer und Dipl.-Chem. Ingeborg Ruscher, 153 Teltow-Seehof, Kantstr. 55. Verlag: Akademie-Verlag, DDR-108 Berlin, Leipziger Str. 3–4. Satz und Druck: VEB Druckhaus „Maxim Gorki", 74 Altenburg. – Veröffentlicht unter der Lizenznummer 1280 des Presseamtes beim Vorsitzenden des Ministerrates der Deutschen Demokratischen Republik. – Printed in the German Democratic Republic.

Manuskriptsendungen sind an einen der Herausgeber oder die Schriftleitung zu richten. Für Inhalt und Form gelten die „Richtlinien für die Annahme und Abfassung von Beiträgen", erhältlich von der Schriftleitung. Die Verfasser größerer wissenschaftlicher Arbeiten erhalten außer dem Honorar ein Heft und 50 Sonderdrucke ihrer Arbeit unentgeltlich. Nachdrucke sowie Übersetzungen in fremde Sprachen des Inhalts dieser Zeitschrift und deren Verbreitung – auch auszugsweise mit Quellenangabe – bedürfen der schriftlichen Vereinbarung mit dem Verlag.

Band 25 • Oktober 1974 • Heft 10

DK 061.62.001.6:678.4/.8:677.4:(430.2 37.156–22):,,45 25"

25 Jahre DDR — 25 Jahre wissenschaftlich-technischer Fortschritt — 25 Jahre Institut für Polymerenchemie der Akademie der Wissenschaften der DDR

Faserforsch. u. Textiltechnik/Z. Polymerforsch. **25** (1974) 10, S. 419—421.

DK 678.674'524'420:542.929.4:536.495:543.227:541.127.1

Schaaf, Eckehart, und *Zimmermann, Heinz*

Thermogravimetrische Untersuchung des thermischen und thermooxydativen Abbaus von Polyäthylenterephthalat

Faserforsch. u. Textiltechnik/Z. Polymerforsch. **25** (1974) 10, S. 434—440. 5 Abb., 6 Tab., 11 Lit.

Der Masseverlust von Polyäthylenterephthalat durch thermischen und thermooxydativen Abbau im Temperaturbereich von 200 bis 360 °C wurde in Abhängigkeit von Katalysatoren und dem Diäthylenglykol unter isothermen Bedingungen thermogravimetrisch verfolgt und nach einem Geschwindigkeitsgesetz erster Ordnung kinetisch ausgewertet. Die aus dem Masseverlust berechneten Aktivierungsenergien und Aktivierungsentropien des thermischen Abbaus von Polyäthylenterephthalat entsprechen den Werten für die Pyrolyse einfacher Carbonsäureester.

DK 661.728.3:678.546.11:66.062.8:543.241.5:543.852.1

Dautzenberg, Horst, und *Philipp, Burkart*

Zur Titration der Carboxylgruppen in Cellulose und Cellulosederivaten im homogenen System

Faserforsch. u. Textiltechnik/Z. Polymerforsch. **25** (1974) 10, S. 422—425. 2 Abb., 1 Tab., 6 Lit.

Unter Anwendung des Lösungsmittelsystems Dimethylsulfoxid/Methylamin/Äthanolamin wird der Carboxylgruppengehalt anoxydierter Cellulosepulver und niedrig substituierter Carboxymethylcellulosen durch direkte alkalimetrische Titration im homogenen System bestimmt und mit den durch Ionenaustausch im heterogenen System erhaltenen Werten verglichen. Zumindest für modifizierte Cellulosepulver besteht offensichtlich kein signifikanter Accessibilitätseinfluß auf den Ionenaustauschvorgang im heterogenen System.

DK 678.675'126 402.2:539.22:53.096:536.42:539.199

Weigel, Peter, Hirte, Rolf, und *Ruscher, Christian*

Über die Feinstruktur der Polyamide

XI. Strukturelle Vorgänge in Polycaproamidschmelzen

Faserforsch. u. Textiltechnik/Z. Polymerforsch. **25** (1974) 10, S. 440—444. 5 Abb., 2 Tab., 12 Lit.

Es werden die Vorgänge in der Schmelze oberhalb 230 °C diskutiert. In einem Temperaturbereich bis 240 °C verschwindet die Nahordnung erst allmählich, so daß beim Abkühlen vorwiegend die Primärstruktur reproduziert wird. Oberhalb 240 °C verlaufen in der Polycaproamidschmelze Durchmischungsprozesse, die der Segregation im Material entgegenwirken.

DK 677.463:677.463.061.7:537.533.35:677.021.125.26 -913.3:677.014.87:677.014.883

Hicke, Hans-Georg, Purz, Hans-Joachim, und *Bartsch, Dieter*

Morphologische Untersuchungen zur Ausbildung der Fadenstruktur beim Viskose-Spinnprozeß

Faserforsch. u. Textiltechnik/Z. Polymerforsch. **25** (1974) 10, S. 425—428. 7 Abb., 7 Lit.

Aus dem Viskose-Spinnprozeß wurden Fadenproben bis herab zu Düsenabständen (Badstrecken) von 1,5 cm entnommen und durch Gefriersubstitution für die elektronenmikroskopische Untersuchung der Ultradünnschnitte präpariert. Die Strukturausbildung im Sinne einer Kernmanteldifferenzierung beginnt unter den hier angewandten Bedingungen bei einem Düsenabstand von 2,5 cm (entsprechend einer Verweilzeit im Spinnbad von 0,15 s) und ist bei einem Düsenabstand von 9,5 cm (Verweilzeit etwa 0,6 s) beendet. Bei größeren Düsenabständen ist eine Änderung des morphologischen Aufbaus der Gelfäden nicht mehr feststellbar. Die Ergebnisse bestätigen experimentell das bereits früher postulierte Reaktionszonen-Modell.

DK 678.4/.8.016/.7:677.017.4:539.389.3:517.512.2:519.2

Winkler, Friedrich, Bauer, Albrecht, und *Nitzsche, Klaus*

Relaxationsuntersuchung an polymeren Festkörpern unter dem Gesichtspunkt der experimentellen Systemanalyse

I. Experimentelle Systemanalyse und praktische Beanspruchungsspektren

Faserforsch. u. Textiltechnik/Z. Polymerforsch. **25** (1974) 10, S. 445—450. 4 Abb., 27 Lit.

Bei der Verarbeitung und im Gebrauch werden polymere Festkörper im Laufe der Entwicklung immer extremeren Beanspruchungsbedingungen ausgesetzt, und für einen ökonomischen Einsatz ist eine möglichst umfassende Ermittlung der Materialkennwerte erforderlich. Als erster Schritt wird eine Analyse der praktisch auftretenden periodischen und impulsförmigen Beanspruchungen vorgenommen. Mit Hilfe der Fourier-Analyse werden Amplitudenspektren errechnet, die eine Aussage über die Beanspruchungsamplituden und -zeiten bzw. -frequenzen zulassen.

DK 678.675'126 402.2:678.675'4'4:542.943:541.128.2

Jaeger, Werner, und *Schneider, Martin*

Zur Sauerstoffaufnahme schmelzflüssiger Polyamide bei kleinen Sauerstoffpartialdrücken

Faserforsch. u. Textiltechnik/Z. Polymerforsch. **25** (1974) 10, S. 429—434. 4 Abb., 3 Tab., 24 Lit.

Die Sauerstoffaufnahme schmelzflüssigen Polycaprolactams bei kleinen Sauerstoffpartialdrücken erfolgt als autokatalytisch beschleunigte Radikalkettenreaktion. Vergleichende Untersuchungen weisen aus, daß die schmelzflüssigen Polyamide 6, 6.6 und 11 Sauerstoff mit etwa gleicher Geschwindigkeit aufnehmen.

DK 678.6/.7:66.001.8:541.128(047.1):541.572.54:541.571.35

Dawydoff, Wladimir

Über den Einsatz von Polymeren in der Heterogen- und Homogenkatalyse. Fortschrittsbericht. Teil 1

Faserforsch. u. Textiltechnik/Z. Polymerforsch. **25** (1974) 10, S. 450—459. 171 Lit.

In dem 1. Teil wird eine Übersicht über katalytische Eigenschaften von Polychelaten (einschließlich Polyphthalocyanine) sowie polykonjugierten Polymeren, darunter Pyropolymeren, gegeben. Geschildert werden auch ihre Applikationsbereiche bzw. Möglichkeiten ihrer praktischen Anwendung.
Die Angaben wurden anhand von in den letzten 8 bis 12 Jahren in verschiedenen Fachzeitschriften erschienenen Veröffentlichungen zusammengefaßt und bearbeitet.

25 Jahre DDR – 25 Jahre wissenschaftlich-technischer Fortschritt – 25 Jahre Institut für Polymerenchemie der Akademie der Wissenschaften der DDR

DK 061.62.001.6:678.4/.8:677.4:(430.2–37.156–22):,,645–25"

„25 Jahre Deutsche Demokratische Republik" — das bedeutet zugleich die Bilanz eines Vierteljahrhunderts erfolgreicher und kontinuierlicher Entwicklung auf gesellschaftlichem, politischem und wirtschaftlichem Gebiet. Eine umfassende Würdigung des in diesem Vierteljahrhundert unter Führung der Partei der Arbeiterklasse und in enger Verbundenheit mit der Sowjetunion sowie den anderen sozialistischen Bruderländern Erreichten ist in den letzten Wochen von berufener Seite erfolgt, so daß hier bewußt nur einige ausgewählte Aspekte kurz umrissen werden sollen:

Getragen von der Initiative und dem Optimismus von zunächst nur wenigen aufrechten Antifaschisten und der bald in breiten Kreisen unserer Bevölkerung verankerten Erkenntnis vom zutiefst antihumanen Charakter jedes faschistischen Regimes, entstand in diesem Vierteljahrhundert eine sozialistische Gesellschaft, deren Weiterentwicklung als Grundanliegen unseres Staates zugleich das persönliche Anliegen jedes einzelnen ist, in der die humanistischen Ideen einer friedlichen Fortentwicklung der Menschheit, einer gegenseitigen Achtung und Hilfsbereitschaft Wirklichkeit werden, in der jeder Bürger soziale Sicherheit und eine optimistische Entwicklungsperspektive findet, und die durch großzügige Sozialleistungen zum Beispiel auch die Basis für eine gesunde Familienentwicklung schafft.

Trotz der Belastung durch das vom Hitlerfaschismus hinterlassene Chaos nahm die Wirtschaft unter Führung der Partei der Arbeiterklasse in unserem Lande dank des unermüdlichen Einsatzes Millionen Werktätiger und dank der neuen Gesellschaftsordnung einen raschen Aufschwung, gefolgt von einer kontinuierlichen und im Gegensatz zu vielen anderen Ländern Europas völlig krisenfreien Aufwärtsentwicklung, die gerade in den letzten Jahren besonders deutlich sichtbar wurde und sich gleichermaßen in einer Erhöhung des individuellen Lebensstandards wie im Ausbau der sozialen Leistungen niederschlug.

Innere gesellschaftliche Konsolidierung und ökonomische Leistungsfähigkeit in Industrie und Landwirtschaft führten mit tatkräftiger Hilfe der Sowjetunion und der anderen sozialistischen Länder zu einer stetigen Kette außenpolitischer Erfolge unserer Friedenspolitik, die sich heute u. a. in einer aktiven Mitarbeit in der UNO und ihren Gremien und in diplomatischen Beziehungen zu mehr als 100 Staaten widerspiegelt.

An dieser Entwicklung unserer Deutschen Demokratischen Republik hat die wissenschaftliche Forschung wesentlichen Anteil, indem sie die Erkenntnisgrundlage für den Auf- und Ausbau vieler Zweige unserer Volkswirtschaft bereitstellte. Umgekehrt schuf der Auf- und Ausbau unserer sozialistischen Gesellschaftsordnung immer günstigere Voraussetzungen für eine erfolgreiche wissenschaftliche Forschung. Damit ist nicht nur eine großzügige materielle Förderung durch Partei und Regierung unseres Staates gemeint, oder das Ansehen, das der schöpferisch für die Gesellschaft tätige Wissenschaftler bei uns genießt, sondern gleichermaßen die volle Einbeziehung der Wissenschaft in die Gesamtentwicklung unserer Gesellschaft, deren humanistische Zielstellung einen Mißbrauch wissenschaftlicher Erkenntnisse ausschließt. Sicherlich wäre an dieser Stelle viel Allgemeingültiges über die Entwicklung und die Rolle der Wissenschaft als Produktivkraft im Sozialismus zu sagen. Im Falle unserer Zeitschrift bietet es sich jedoch geradezu an, diese Entwicklung an einem konkreten Einzelbeispiel nachzuzeichnen und das 25jährige Bestehen des am 1. April 1949 als „Institut für Faserstoff-Forschung" gegründeten Instituts für Polymerenchemie der Akademie der Wissenschaften der DDR im Jubiläumsjahr unserer Republik zum Anlaß zu nehmen, die Geschichte eines der herausgebenden Institute dieser Zeitschrift in knapper Form darzustellen.

Das Institut für Faserstoff-Forschung entstand seinerzeit aus der Notwendigkeit heraus, die wissenschaftlichen Grundlagen für den Neuaufbau der Chemiefaserstoffindustrie in der DDR zu schaffen. Die Anfangszeit des Instituts unter der Leitung des gleichermaßen durch seine wissenschaftlichen Leistungen auf dem Cellulosegebiet wie durch seine politische Arbeit als Präsident des Nationalrates der DDR bekannten Prof. Dr. Dr. h. c. *Erich Correns* stand zunächst unter dem Zeichen des Aufbaus der Forschungskapazitäten und der Gewinnung geeigneter Mitarbeiter; jedoch schon der Gründer und damalige Direktor des Institus gab die auch heute noch gültige Zielstellung, wissenschaftlichen Erkenntnisvorlauf von hohem Niveau mit praxis-nutzbaren Leistungen zu verbinden, wobei zunächst Probleme der Celluloseforschung im Vordergrund standen, aber auch bereits mit Vorarbeiten für die Entwicklung von Polyacrylnitrilfaserstoffen begonnen wurde. Etwa seit 1951 erfolgte ein zielstrebiger Ausbau der Forschungskapazitäten, der nicht zuletzt auch in der Inbetriebnahme eines neuen Laborgebäudes, eines neuen

Werkstattkomplexes und eines großzügig angelegten Technikums zum Ausdruck kam.

Die unter Prof. *Correns* begonnene wissenschaftliche Entwicklung wurde von seinem Nachfolger in der Institutsleitung, Herrn Prof. Dr. Dr. h. c. *Hermann Klare*, konsequent weiter verfolgt. Unter seiner Leitung wurden die Bindungen zur Chemiefaserindustrie, u. a. auch durch Vertragsforschungsarbeiten, noch enger gestaltet.

Nach der Berufung von Prof. Dr. *Klare* zum Präsidenten der Akademie der Wissenschaften der DDR und der Pensionierung des 1968 amtierenden Direktors, Dr. *Rudolf Schiffner*, übernahm Prof. Dr. habil. *Burkart Philipp* die Leitung des Instituts und damit zugleich die Verantwortung für die Durchführung der dem Institut im Rahmen der Akademie-Reform übertragenen erweiterten Aufgabenstellung. Diese erweiterte Aufgabenstellung ist gekennzeichnet durch eine zunehmende Integration der Chemiefaserstoff-Forschung in das Gesamtgebiet der Polymerforschung und damit durch eine Nutzung des durch die langjährige Forschungsarbeit auf dem Chemiefaserstoffgebiet gewonnenen Erkenntnisfundus des Instituts auch für Aufgabenstellungen außerhalb des eigentlichen Faserstoffgebietes, wobei die Durchführung dieser Aufgaben gleichzeitig einen Ausbau der Kooperationsbeziehungen innerhalb der Republik wie auch eine Intensivierung der schon recht langjährigen freundschaftlichen Zusammenarbeit mit Partnerinstituten im sozialistischen Ausland erfordert.

Neben der unmittelbaren Forschung, deren Ergebnisse sich unter anderen in bisher weit über 1000 Publikationen und in zahlreichen Patenten niederschlägt, hat das Institut seit seinem Bestehen auch die Aus- und Weiterbildung junger Wissenschaftler zu seinen Aufgaben gezählt. Zahlreiche Absolventen konnten im Institut ihre Diplomarbeit bzw. ihre Dissertation durchführen und verteidigen. In den vergangenen 25 Jahren werden unter unmittelbarer Betreuung durch leitende Mitarbeiter des Instituts etwa 110 Dissertationen angefertigt. Unter diesen Doktoranden befanden sich auch viele aus den befreundeten sozialistischen Ländern und aus jungen Nationalstaaten. Eng verbunden mit den Aufgaben der Aus- und Weiterbildung war stets die Förderung des wissenschaftlichen Meinungsstreites und der Kontakte mit anderen Fachkollegen, wobei diesem Ziel die seit Jahrzehnten bereits regelmäßig im Institut durchgeführten wissenschaftlichen Kolloquien wie auch die Organisierung von international besuchten Symposien und die Mitwirkung an Kongressen dienten.

Ein Überblick über die wissenschaftlichen Ergebnisse des Instituts in zweieinhalb Jahrzehnten kann an dieser Stelle natürlich nur in Form einer subjektiven Auswahl und einer knappen Aufzählung erfolgen. Von Anfang an wurden mit etwa gleichem Gewicht Arbeiten zur Synthese neuer Polymerstrukturen und Arbeiten zur Polymercharakterisierung durchgeführt, wobei vom Stoffsystem her gesehen eine Konzentration auf die wesentlichen faserbildenden Polymeren, also auf Cellulose, Polyacrylnitril, Polyamide und das Polyäthylenterephthalat erfolgte. Hierbei wurden Herstellung bzw. Isolierung des Polymeren und seine Verformung zum Faden in der Forschung stets als Einheit betrachtet und deshalb neben der chemischen Arbeitsmethodik auch den Problemen der Polymerphysik entsprechende Bedeutung beigemessen.

Die im Institut seit seiner Gründung bodenständige Celluloseforschung ging von der Notwendigkeit aus, bei Untersuchungen zu Viskosierung und Fadenbildung im Viskoseprozeß auch die Eigenschaften des Zellstoffs einzubeziehen und dabei neben chemischen und physiko-chemischen Arbeitsmethoden auch den morphologischen Untersuchungen mittels Licht- und Elektronenmikroskopie die notwendige Aufmerksamkeit zu schenken.

Wesentliche Ergebnisse liegen daher vor sowohl zum Einfluß der Holzmorphologie auf den Zellstoff-Aufschluß-Prozeß als auch zur Charakterisierung von Viskosezellstoffen, zur Physikochemie des Viskoseprozesses, insbesondere zur Kinetik der Parallel- und Folgereaktionen bei der Xanthogenierung, wie auch zum Ablauf der gesamten Fadenbildung beim Viskosespinnprozeß unter besonderer Berücksichtigung des Einflusses von Zusatzmitteln.

Etwa ab 1955 gewannen chemische und physikalische Forschungsarbeiten auf dem Gebiet der Synthesefaserstoffe an Bedeutung. In enger Koppelung zur weiteren Aufklärung von Kinetik und Mechanismus der radikalischen Polymerisation am Beispiel des Acrylnitrils und seiner Copolymeren wurden Grundlagen für die Aufnahme der Produktion von Polyacrylnitrilfaserstoffen geschaffen und später ein Verfahren zur Lösungspolymerisation des Arcylnitrils entwickelt, nach dem heute im VEB Chemiefaserwerk „Friedrich Engels" Premnitz großtechnisch produziert wird. Grundlagenarbeiten zum Kettenaufbauprozeß bei Polyamiden unter verschiedenen Initiierungsbedingungen erfolgten in enger Koppelung mit einem Ausbau der analytischen Methodik, beispielsweise zur Oligomerentrennung oder zur Fraktionierung nach der rel. Molekülmasse. Die hier angewandten chemischen und physiko-chemischen Methoden wurden im Hinblick auf die Gesamtproblematik der Herstellung von Polykondensatfaserstoffen aus der Schmelze wirkungsvoll ergänzt durch den Auf- und Ausbau der physikalischen Strukturanalytik, insbesondere der Röntgendiffraktometrie. Methodisch orientierte Arbeiten auf diesem Gebiet führten gleichzeitig zu einer Weiterentwicklung der Vorstellungen über Ordnungszustände in teilkristallinen Polymeren.

Die seit einigen Jahren erweiterte Aufgabenstellung des Instituts, d. h. insbesondere die Integration der Chemiefaserstofforschung in das Gesamtgebiet der Polymerforschung, spiegelt sich nicht nur äußerlich in der eingangs erwähnten Namensänderung, sondern auch bereits in einigen in jüngster Zeit publizierten Ergebnissen wider, so z. B. in komplexen reaktionskinetischen und reaktionsmechanistischen Untersuchungen zum Auf- und Abbau von Polyestern, in Arbeiten zum Quell- und Löseprozeß der Cellulose, besonders auch in nichtwäßrigen Medien, sowie in verallgemeinerungsfähigen Ergebnissen zum Deformationsverhalten von Formgebilden aus Polymeren, vor allem auch im Kurzzeitbereich. Nicht unerwähnt bleiben soll schließlich die umfangreiche Tätigkeit des Instituts auf dem Gebiet der wissenschaftlichen Information und Dokumentation, die über die Institutsgrenzen hinaus in die gesamte polymerherstellende und -verarbeitende Industrie ausstrahlt.

25 Jahre DDR — 25 Jahre wissenschaftlich-technischer Fortschritt —
25 Jahre Institut für Polymerenchemie der Akademie der Wissenschaften der DDR

Das 25jährige Jubiläum des Instituts ist zweifellos ein berechtigter Anlaß zum Rückblick auf die Entwicklung des Kollektivs und auf die in einem Vierteljahrhundert erzielten wissenschaftlichen Leistungen, die im Februar dieses Jahres durch Partei und Regierung unseres Staates mit der Verleihung des Ordens „Banner der Arbeit" gewürdigt wurden. Ein solches Jubiläum gerade im Jahr des 25jährigen Bestehens unserer Republik ist aber auch Anlaß — und damit schließt sich der Kreis zu dem eingangs Gesagten — zur bewußten Besinnung darauf, daß eine solche Entwicklung eines einzelnen Instituts wie der wissenschaftlichen Forschung in ihrer Gesamtheit nur in unserer sozialistischen Gesellschaftsordnung ohne innere Widersprüche möglich wird, und ein solches Jubiläum ist vor allem Ansporn und Verpflichtung, auf der in einem Vierteljahrhundert geschaffenen Basis weiterzubauen und die Durchführung der vor uns liegenden, der wissenschaftlichen Forschung von Partei- und Staatsführung für die Weiterentwicklung unserer sozialistischen Gesellschaft übertragenen Aufgaben tatkräftig und zielstrebig in Angriff zu nehmen.

Die in diesem Heft der Zeitschrift „Faserforschung und Textiltechnik/Zeitschrift für Polymerforschung" zusammengefaßten Beiträge aus dem Institut für Polymerenchemie der Akademie der Wissenschaften der DDR vermitteln einen Einblick in die aktuelle Forschungsproblematik des Instituts im 25. Jahr seines Bestehens; sie sind zugleich ein bescheidener Ausdruck des Dankes der Mitarbeiter dieses Instituts für die großzügige Förderung der wissenschaftlichen Grundlagenforschung durch unsere sozialistische Gesellschaft anläßlich des 25. Jahrestages unserer Republik.

Im Namen der Herausgeber

B. Philipp

Zur Titration der Carboxylgruppen in Cellulose und Cellulosederivaten im homogenen System

Horst Dautzenberg und Burkart Philipp

Akademie der Wissenschaften der DDR, Institut für Polymerenchemie in Teltow-Seehof

DK 661.728.3:678.546.11:66.062.8:543.241.5:543.852.1

Unter Anwendung des Lösungsmittelsystems Dimethylsulfoxid/Methylamin/Äthanolamin wird der Carboxylgruppengehalt anoxydierter Cellulosepulver und niedrig substituierter Carboxymethylcellulosen durch direkte alkalimetrische Titration im homogenen System bestimmt und mit den durch Ionenaustausch im heterogenen System erhaltenen Werten verglichen. Zumindest für modifizierte Cellulose*pulver* besteht offensichtlich kein signifikanter Accessibilitätseinfluß auf den Ionenaustauschvorgang im heterogenen System.

О титровании карбоксильных групп целлюлозы и ее производных в гомогенной среде

С применением смеси диметилсульфоксида с метиламином и этаноламином в качестве растворителя методом прямого титрования щелочью в гомогенной среде определено содержание карбоксильных групп в слабоокисленном целлюлозном порошке и низкозамещенных образцах карбоксиметилцеллюлозы. Поличенные результаты сравнивались со значениями, найденными при ионном обмене в гетерогенных условиях. Во всяком случае, для модифицированных образцов целлюлозного порошка не наблюдается, очевидно, значительного влияния доступности целлюлозного материала на процесс ионного обмена в гетерогенных условиях.

Titration of Carboxyl Groups in Cellulose and Cellulose Derivatives in a Homogeneous System

Using dimethylsulfoxide/methylamine/ethanolamine as a solvent system the content of carboxyl groups in partially oxydised cellulose powder and carboxymethylcellulose of low degree of substitution has been determined in a homogeneous system by direct alkalimetric titration and compared with the values obtained by ion exchange in a heterogeneous system. At least with modified cellulose *powder* the ion exchange process in a heterogeneous system is not essentially affected by the accessibility.

1. Einleitung

Alle bisher beschriebenen Methoden zur Ermittlung des Carboxylgruppengehaltes in Cellulose und niedrig substituierten Cellulosederivaten gehen von einem heterogenen Reaktionssystem aus [1, 2]. Die Anzahl der Carboxylgruppen wird dabei zumeist über einen Ionenaustausch durch Versalzung mit einem geeigneten Gegenion und anschließende Bestimmung der dabei freigesetzten Wasserstoffionen bzw. der Äquivalente an gebundenem Gegenion erhalten. Noch offene Fragen ergeben sich bei dieser ganzen Gruppe von Methoden einmal durch mögliche „Nebenreaktionen" im weitesten Sinne, z. B. eine Bindung der Kationen nicht nur an Carboxylgruppen, zum anderen durch Komplikationen infolge der Anwesenheit von Lactongruppen [3], die im alkalischen Medium unterschiedlich rasch aufgespalten werden, und schließlich durch einen verzögerten und/oder unvollständigen Verlauf der Austauschreaktion. Dieser kann einmal mit der erwähnten Lactongruppenbildung und -spaltung, zum anderen mit einer unvollständigen Zugänglichkeit der COOH-Gruppen auf Grund der übermolekularen und morphologischen Faserstruktur im Zusammenhang stehen. Trotz der großen Zahl der zu dieser Thematik publizierten Arbeiten und der darin vorgeschlagenen Methoden konnte sich bisher keine davon allgemein durchsetzen, und gerade das Problem des „Accessibilitätseinflusses" auf eine Carboxylgruppenbestimmung in Cellulosefasern ist noch weitgehend ungeklärt. Die von uns bearbeiteten und zum Teil neu aufgefundenen nichtwäßrigen Mehrkomponentensysteme, die Cellulose über eine Bildung von Donator/Acceptor-Komplexen aufzulösen vermögen [4], eröffneten eine neue Möglichkeit, diese Frage der Accessibilitätseinflusses auf die Carboxylgruppenbestimmung im heterogenen System durch Vergleichsuntersuchungen in homogener Lösung einer Klärung näher zu bringen. Die hierzu mit anoxydierten Celluloseproben und niedrig substituierten Carboxymethylcellulosen bisher erhaltenen Ergebnisse sollen im folgenden Beitrag zusammengefaßt werden.

2. Entwicklung der experimentellen Methodik zur direkten Titration der Carboxylgruppen in nichtwäßrigen Celluloselösungen

Ziel unserer analytisch-methodischen Arbeiten war es, einen Weg zur direkten alkalimetrischen Titration der Carboxylgruppen in verschiedenen Celluloseprodukten nach deren Auflösung in einem nichtwäßrigen Medium zu finden, der noch möglichst niedrige Gehalte an sauren Gruppen mit ausreichender Zuverlässigkeit zu erfassen gestattet.

Schwerpunkte der experimentellen Arbeit waren dabei:

- die Auswahl eines geeigneten Lösemittelsystems und eines geeigneten Titriermittels,
- die Auswahl einer geeigneten Endpunktanzeige für die Titration,
- eine möglichst weitgehende Herabsetzung des Titrationsblindwertes.

Obwohl heute eine ganze Anzahl nichtwäßriger Zwei- oder Dreikomponentensysteme bekannt sind, die Cellulose aufzulösen vermögen, ist die Auswahl für den hier vorgesehenen Zweck einer Titration saurer Gruppen von vornherein sehr eingeschränkt, da alle Systeme ausscheiden, die selbst Säureanhydride wie SO_2 oder Stickstoffoxide enthalten. Wir entschieden uns daher für das seinerzeit von uns beschriebene [5] System Dimethylsulfoxid/Methylamin, obwohl dieses gegenüber anderen Systemen eine geringere Lösekraft aufweist und nur hydrolytisch abgebaute oder regenerierte Cellulosen aufzulösen vermag. Für die in Abschnitt 3 zusammengefaßten Untersuchungen verwendeten wir zumeist ein Lösungsmittelgemisch folgender Zusammensetzung:

82,5 Masse-% Dimethylsulfoxid (DMSO)
16 Masse-% Monomethylamin
1,5 Masse-% Äthanolamin.

Das Cellulosepräparat wurde in diesem Lösungsmittelgemisch zu einer 1%igen „Stammlösung" aufgelöst. Von dieser Stammlösung wurden geeignete Mengen mit reinem Lösungsmittelgemisch auf jeweils 15 ml aufgefüllt und dieser Ansatz zur Titration eingesetzt. Als Maßlösung verwendeten wir zunächst alkoholische KOH, ersetzten diese aber dann durch die stärker basische Natrium-Methylat-Lösung, wobei Natriummetall in wenig absolutem Methanol gelöst und diese Lösung dann mit DMSO zu einer 0,1 molaren Methylatlösung aufgefüllt wurde. DMSO als Lösungsmittel erwies sich als günstig, da im Gegensatz zu einer alkoholischen Maßlösung kein Ausfällen der Cellulose an der Eintropfstelle beobachtet wurde. Unter Verwendung von Benzoesäure zur Titereinstellung der Maßlösung sowie einer etwas höher substituierten, aber noch nicht wasserlöslichen Carboxymethylcelluloseprobe (Substitutionsgrad ca. 0,20) wurden verschiedene Möglichkeiten der Endpunktanzeige in dem von uns verwendeten Titrationsmedium verglichen. Für den Titrationsverlauf ist dabei das Prinzip einer Verdrängungsreaktion anzunehmen, indem die Carboxylgruppen im Titrationsmedium anionisiert und mit Methylammoniumkationen versalzt vorliegen, bei Zusatz der Maßlösung diese Ammoniumionen deprotonisiert werden und dann Na· als Gegenion für die Carboxylatgruppen auftritt.

Sowohl eine konduktometrische wie auch eine potentiometrische Anzeige erwiesen sich als brauchbar. Bei der potentiometrischen Anzeige konnten hinsichtlich Reproduzierbarkeit und Genauigkeit keine signifikanten Unterschiede zwischen einer Polarisationsspannungstitration mit blanken Platinelektroden [6], einer normalen potentiometrischen Titration mit der Glaselektrode unter Verwendung normaler wäßriger Kalomelelektroden und einer Titration an der Glaselektrode unter Verwendung einer mit einem organischen Lösungsmittel modifizierten Kalomelelektrode festgestellt werden. Für die weiteren Untersuchungen wählten wir die Kombination „Glaselektrode/gesättigte wäßrige Kalomelelektrode" (Einstabelektrode der Fa. Metrohm, Herisau/Schweiz) und registrierten mittels eines Potentiographen (Potentiograph E 336 der Fa. Metrohm, Herisau/Schweiz) die Titrationskurve bei konstanter Zudosierungsgeschwindigkeit der Maßlösung (vgl. Bild 1).

Als besonders schwierig erwies sich eine ausreichende und reproduzierbare Herabsetzung des Blindverbrauches an Maßlösung für das reine Titrationsmedium wobei dieser Blindverbrauch auch bei dem heute erreichten Stand unserer Arbeiten den begrenzenden Faktor für die Anwendbarkeit der direkten Titrationsmethode bei kleinen Carboxylgruppengehalten darstellt. Die zunächst erhaltenen Blindwerte bis zu 0,4 ml 1/10 m Maßlösung waren in erster Linie auf Verunreinigungen im Dimethylsulfoxid zurückzuführen. Wir versuchten zunächst eine Senkung dieses Blindver-

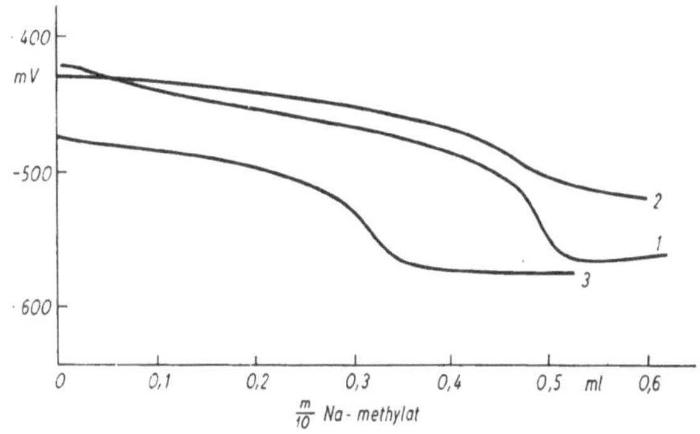

Bild 1. Verlauf der Titrationskurven in DMSO/Methylamin/Äthanolamin (Glaselektrodenkette; Maßlösung: 0,1 m Na-methylat)

Kurve 1: Titerstellung mit Benzoesäure
Kurve 2: Titrationsverlauf bei einer niedrig substituierten Carboxymethylcellulose (1400 mmol COOH-Gruppen/kg)
Kurve 3: Titrationsverlauf bei einer Perjodat/Chlorit-Oxycellulose (500 mmol COOH-Gruppen/kg)

brauchs durch Anwendung austitrierter Lösungen vorzunehmen, mußten hierbei jedoch feststellen, daß schon nach kurzer Zeit, also bereits während einer anschließenden Titration, erneut ein Mehrverbrauch an Maßlösung infolge von Umsetzungen mit dem Titrationsmedium eintritt. Eine wesentliche und einigermaßen reproduzierbare Verringerung des Blindwertes konnte erreicht werden, indem wir den frisch bereiteten Ansatz des Titrationsmediums ca. eine Woche über dem in der Hydroxylform vorliegenden stark basischen Anionenaustauscher SBW (VEB Chemiekombinat Bitterfeld) aufbewahrten. Die nach dieser Behandlung gefundenen Blindwerte lagen zwischen 0,03 und 0,05 ml 1/10 m Maßlösung und rechtfertigten die Anwendung einer 1 ml-Mikrobürette für die weiteren Arbeiten. Allerdings entsprach unter den von uns angewandten Titrationsbedingungen auch dieser Blindwerte noch einem Carboxylgruppengehalt von 20 bis 50 Millimol pro kg Cellulose, und es blieb zunächst offen, ob dieser Blindwert während des Lösens der Cellulose und der Vorbereitung der Titration erneut ansteigt. Wie bereits erwähnt, gingen wir daher für die weiteren Arbeiten von einer Cellulose-Stammlösung aus, füllten davon unterschiedliche Mengen mit Lösungsmittelgemisch einer Charge auf 15 ml auf und trugen zur Auswertung den jeweiligen Titriermittelverbrauch gegen die zugesetzte Menge an Cellulosestammlösung auf, wobei ein „gemittelter Blindwert" aus diesem Diagramm durch graphische Extrapolation erhalten wurde (Bild 2).

Im Zusammenhang mit dem durch das Titrationsmedium verursachten Blindwert tauchte die Frage auf, ob möglicherweise nicht auch Nebenreaktionen der Maßlösung an der Cellulosekette, beispielsweise mit den Hydroxylgruppen im Glucosering, den Analysenwert verfälschen könnten. Modellversuche mit unterschiedlich hohen Zusätzen von Glucose zum Titrationsmedium ergaben zwar eine gewisse Erhöhung des Blindwertes durch den Glucosezusatz, beispielsweise von 0,03 auf 0,08 ml 1/10 m Maßlösung, ohne daß dabei jedoch eine Abhängigkeit von der zugesetzten Glucosemenge zu erkennen war. Bei der von uns angewandten Auswert-

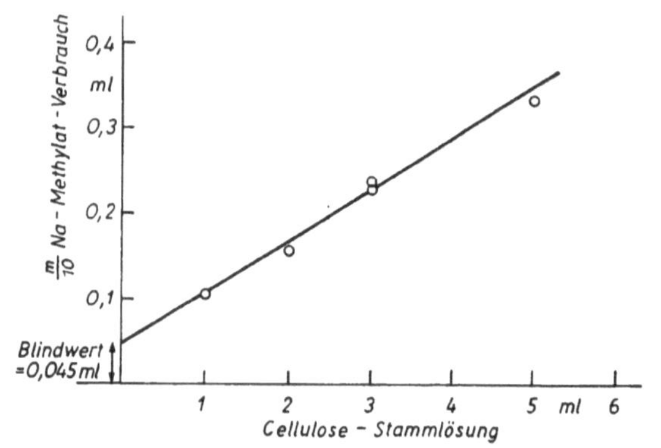

Bild 2. Auswertung der Titrationsergebnisse bei einer Perjodat-Chlorit-Oxycellulose

methodik konnte also erwartet werden, daß sich eine Beeinflussung des Titriermittelverbrauchs durch die Cellulosekette selbst ausschließlich im Blindwert niederschlägt und damit nicht das Analysenergebnis zusätzlich verfälscht.

3. *Titrationsergebnisse an Cellulosepräparaten und ihre Auswertung*

Unter Berücksichtigung der im Hinblick auf DP und Cellulosestruktur begrenzten Lösekraft unseres Titrationsmediums sowie des noch immer beträchtlichen Blindwertes zogen wir für unsere Untersuchungen im wesentlichen LODP-Cellulosepulver heran, die mit Perjodat und Chlorit bzw. mit Hypochlorit und Chlorit anoxydiert waren, sowie einige niedrig substituierte und daher in Wasser noch nicht lösliche Carboxymethylcellulosen, die wir ebenfalls aus hydrolytisch gewonnenen Cellulosepulvern hergestellt hatten.

In der folgenden Tabelle sind für einige Proben die im homogenen nichtwäßrigen Medium durch alkalimetrische Titration erhaltenen Carboxylgruppengehalte den durch eine Ionenaustauschmethode im heterogenen System (alkalimetrisch nach Zusatz von $BaCl_2$ ermittelt, vgl. [3]) gefundenen gegenübergestellt.

Obwohl die Reproduzierbarkeit der im homogenen Medium erhaltenen Werte eindeutig schlechter ist, als die der durch Ionenaustausch mit $Ba^{\cdot\cdot}$ erhaltenen Ergebnisse und obwohl bei dem schwach oxydierten Linters-Cellulosepulver mit 50 Millimol Carboxylgruppen pro kg die derzeitige untere Grenze unserer Titrationsmethode im homogenen System erreicht ist, da der Blindwert etwa in gleicher Größe wie der Titriermittelverbrauch für die Probe liegt, lassen sich doch aus den jetzt vorhandenen Ergebnissen bereits einige Schlußfolgerungen ableiten:

Als wichtigstes Ergebnis ist festzustellen, daß zumindest bei oxydativ oder durch Carboxymethylierung modifizierten Cellulosepulvern keine gesicherten Unterschiede zwischen den nach der homogenen Methode und den durch heterogenen Ionenaustausch bestimmten Carboxylgruppengehalten vorliegen, wobei unsere Untersuchungen den Bereich zwischen etwa 50 Millimol pro kg und etwa 1500 Millimol pro kg entsprechend Substitutionsgraden zwischen 0,008 und 0,24 überstreichen. Man kann also feststellen, daß zumindest für diese Probengruppen durch Ionenaustausch im heterogenen System die Carboxylgruppen weitgehend vollständig erfaßt werden, wenn auch in einzelnen Fällen die homogene Methode in ihrem Mittelwert einen Trend zu etwas höheren Carboxylgruppengehalten aufweist. In methodisch-analytischer Hinsicht ist daraus zu folgern, daß die insgesamt recht aufwendige Titration im homogenen System für Cellulosepulver nicht erforderlich ist, um deren wahren Carboxylgruppengehalt zu erfassen.

Offen bleiben muß vorerst die Frage, wieweit diese vollständige Accessibilität für einen Ionenaustausch auch bei solchen Proben vorhanden ist, die in ihrer morphologischen Struktur nicht geschädigt wurden.

4. *Zusammenfassung und Schlußfolgerungen*

Unter Anwendung des nichtwäßrigen Lösungsmittelsystems Dimethylsulfoxid-Methylamin-Äthanolamin konnte u. E. erstmalig der Carboxylgruppengehalt wasserunlöslicher Cellulosepräparate in dem verhältnismäßig weiten Bereich zwischen 50 und 1500 mmol/kg durch eine direkte alkalimetrische Titration im homogenen Medium bestimmt und mit den unter heterogenen

Tabelle 1. Vergleich der im homogenen und im heterogenen System gefundenen Carboxylgruppengehalte (Angaben in mmol COOH/kg Probe)

Celluloseprobe	Homogentitration		Bestimmung im heterogenen System
	Einzelwerte	Mittelwert	
Carboxymethylcellulose I	1340…1560 (9 Einzelwerte)	1470	1320…1420
Carboxymethylcellulose II	972 1020 1107	1040	1050
Carboxymethylcellulose III	490…651 (7 Einzelwerte)	580	460…470
Perjodat-Chlorit-Oxycellulose	463 467	465	488 492 496
Hypochlorit-Chlorit-Oxycellulose	290		222
Hypochlorit-Chlorit-Oxycellulose	29…78	50	52

Bedingungen durch Ionenaustausch erhaltenen Ergebnissen verglichen werden. Die untere Grenze der Anwendbarkeit dieser unter Homogenbedingungen arbeitenden Methode liegt infolge eines beträchtlichen Blindverbrauches vorläufig bei etwa 50 Millimol Carboxylgruppen pro kg Cellulose, so daß bis jetzt nur anoxydierte Produkte zuverlässig untersucht werden können. Unter Berücksichtigung dieser Einschränkung kann festgestellt werden, daß — zumindest bei Cellulosepulvern — im homogen und heterogenen System weitgehend übereinstimmende Carboxylgruppengehalte gefunden werden und somit bei der üblichen und methodisch vorzuziehenden Ionenaustauschmethode im heterogenen System eine sehr weitgehende Accessibilität aller Carboxylgruppen für den Austauschprozeß gegeben ist.

Frau *Edith Kostowa* danken wir für sorgfältige experimentelle Mitarbeit.

Literatur

[1] *Philipp, B., Rehder, W.*, und *Lang, H.:* Zur Carboxylbestimmung in Chemiezellstoffen. Papier **19** (1965) S. 1—10, vgl. daselbst weitere Literaturangaben.
[2] *Rehder, W.:* Carbonyl- und Carboxylgruppen in Zellstoffen und deren Einfluß auf die Filtrierbarkeit beim Direktviskoseverfahren. Dissertation, Universität Rostock 1963.
[3] Faserforsch. u. Textiltechnik in Vorbereitung.
[4] *Philipp, B., Schleicher, H.*, und *Wagenknecht, W.:* Quell- und Löseprozesse bei Cellulose mit unterschiedlicher Struktur. Zellstoff u. Papier **22** (1973) S. 324—330.
[5] *Koura, A., Schleicher, H.*, und *Philipp, B.:* Untersuchungen zur Quellung und Lösung von Cellulose in aminhaltigen Flüssigkeitsgemischen. 2. Mitt.: Untersuchungen zur Löslichkeit von Cellulose in Dimethylsulfoxid/Amin-Gemischen. Faserforsch. u. Textiltechnik **23** (1972) S. 128—133.
[6] *Philipp, B.:* Einige Anwendungen der Polarisationsspannungstitration. Chem. Technik **9** (1957) S. 581—583.

Eingegangen am 2. Mai 1974

Morphologische Untersuchungen zur Ausbildung der Fadenstruktur beim Viskose-Spinnprozeß

Hans-Georg Hicke, Hans-Joachim Purz und Dieter Bartsch

Akademie der Wissenschaften der DDR, Institut für Polymerenchemie in Teltow-Seehof

DK 677.463:677.463.061.7:677.021.125.26—913.3:677.014.87:677.014.883:537.533.35

Aus dem Viskose-Spinnprozeß wurden Fadenproben bis herab zu Düsenabständen (Badstrecken) von 1,5 cm entnommen und durch Gefriersubstitution für die elektronenmikroskopische Untersuchung der Ultradünnschnitte präpariert. Die Strukturausbildung im Sinne einer Kernmanteldifferenzierung beginnt unter den hier angewandten Bedingungen bei einem Düsenabstand von 2,5 cm (entsprechend einer Verweilzeit im Spinnbad von 0,15 s) und ist bei einem Düsenabstand von 9,5 cm (Verweilzeit etwa 0,6 s) beendet. Bei größeren Düsenabständen ist eine Änderung des morphologischen Aufbaus der Gelfäden nicht mehr feststellbar. Die Ergebnisse bestätigen experimentell das bereits früher postulierte Reaktionszonen-Modell.

Морфологические исследования по образованию структуры вискозного волокна в процессе его формования

В процессе формования волокна отбирались образцы нити в различных расстояниях от фильеры (минимум 1,5 см), которые методом замораживания были подготовлены для последующего электронномикроскопического исследования ультратонких срезов. Возникновение структуры ядро-оболочка в избранных условиях начинается на расстоянии в 2,5 см от фильеры (время пребывания нити в ванне 0,15 сек.) и заканчивается на расстоянии в 9,5 см (время пребывания 0,6 сек.). При еще большем отдалении от фильеры изменения морфологической структуры волокна больше не наблюдается. Полученные результаты являются подтверждением постулированной ранее модели реакционных зон.

Morphological Investigations on the Formation of the Fiber Structure in the Viscose Spinning Process

Filament samples were withdrawn from the viscose spinning process at various distances down to 1.5 cm from the spinneret and prepared by freeze substitution for electron microscopic investigation of ultrathin sections. The formation of a skin-core structure starts at the distance of 2.5 cm (corresponding to a residence time in the coagulation bath of 0.15 s) and reaches its final state at 9.5 cm (residence time about 0.6 s). With longer distances no further change of the morphology was detected. The results support the reaction zone model proposed in earlier papers.

1. Einführung

Die mechanischen Eigenschaften von Viskosefaserstoffen hängen in wesentlichem Maße von der Struktur ab, die bei der Koagulation ausgebildet wird. Hinreichend bekannt ist beispielsweise bei einigen Viskosefasertypen geringerer Festigkeit die als Kernmanteleffekt bezeichnete Strukturinhomogenität, die sich über den Fadenquerschnitt erstreckt [1]. Dabei scheint die Mantelstruktur hauptsächlich der Träger der Festigkeitseigenschaften zu sein, da mit zunehmendem Mantelanteil bis hin zur Vollmantelfaser (Supercord) die Orientierbarkeit und damit auch die Festigkeit ansteigt. In den letzten Jahren konnte durch elektronenmikroskopische Untersuchungen an Ultradünnschnitten von Fäden, deren Gelstruktur durch spezielle Entwässerungsverfahren (Lösungsmittelaustausch oder Gefriertrocknung) „konserviert" worden war, gezeigt werden, daß im Mantel eine relativ dichte Struktur vorliegt; im Kern hingegen liegt ein lockeres kohärentes Polymernetzwerk vor [2]. Diese Untersuchungen beschränkten sich bisher auf Fäden, die nach dem Erspinnen vollständig zu Hydratcellulose regeneriert worden waren.

Ziel der vorliegenden Arbeit war es, die Ausbildung der Strukturdifferenzierung in Kern und Mantel zu verfolgen,

Bei der Probenentnahme aus dem spinnenden Faden war also so nahe wie experimentell möglich „an die Düse heranzugehen", wobei die im Faden ablaufenden Reaktionen sofort abzustoppen und der zum Zeitpunkt der Probenentnahme vorliegende Xanthogenierungsgrad sowie die Gelstruktur zu fixieren waren. Sowohl für die Fixation als auch für die Entwässerung der Fadenproben und deren Einbettung als Vorbereitung für die Ultradünnschnitt-Technik kamen also nur Kryomethoden in Frage. In Anbetracht der zeitaufwendigen Präparationsmethodik beschränkten wir uns auf ein Spinnverfahren, von dem bekannt ist, daß es Kernmantelfäden liefert [2].

2. *Experimentelle Methodik*

2.1. *Herstellung der Viskosegelfäden und Probenentnahme*

Für das Spinnen wurde eine modifikatorfreie Viskose mit folgenden Kenndaten eingesetzt:

Zellstoff:	Cordicel S 20
CS_2-Einsatz:	47% (bezogen auf Cellulose)
Viskose-Zusammensetzung:	8,3% Cellulose; 6,0% Alkali
Viskosität (20 °C)*):	190 s (Kugelfall)
Reife*):	20° *Hottenroth*
γ-Wert*):	39

Die Viskose wurde in ein Bad gesponnen, das 48 g H_2SO_4/l (1 n), 142 g Na_2SO_4/l (2 n) und 25,4 g $ZnSO_4$/l (0,315 n) enthielt. Die Spinnbadtemperatur betrug 40°C. Ausspritzgeschwindigkeit und Abzugsgeschwindigkeit wurden auf 10 m/min eingestellt (Verzug = 1). Bei der Düse handelte es sich um eine Edelmetalldüse mit 45 Bohrungen; der Bohrungsdurchmesser betrug 80 µm. Die verwendete Laborspinnanlage ist in [3] beschrieben.

Die Probenentnahme war darauf abgestimmt, daß Badstrecken von wenigen Zentimetern realisiert werden sollten und daß die im Faden ablaufenden Reaktionen sofort „einzufrieren" waren. Bei diesen extrem kurzen Badstrecken war es infolge noch unzureichender mechanischer Stabilität des Fadens nicht möglich, das Kabel über Umlenkorgane aus dem Bad herauszuführen und dann mit einer Doppelschere die Probe zu entnehmen. Gleichfalls nicht möglich war auch das Herausschneiden der Probe aus dem nicht umgelenkten Fadenkabel im Spinnbad. Hinzu kommt noch, daß beim Herausschneiden der Probe, ob im Spinnbad oder außerhalb des Spinnbades, die notwendigen Manipulationen zur Überführung der Probe in die Kühlflüssigkeit etwa 5 s in Anspruch nehmen, was die Forderung nach sofortigem Einfrieren der Reaktionen in Frage stellt. Um diese Schwierigkeiten zu umgehen, wurde die in Bild 1 skizzierte Versuchsanordnung gewählt, bei der der Zeitraum zwischen der Herausführung des Fadenkabels aus dem Spinnbad und dem Beginn der Gefrierfixation 0,6 s betrug, wobei sowohl die Umlenkung des Kabels als auch das Schneiden im Spinnbad vermieden wurden.

*) zum Zeitpunkt des Spinnens gemessen

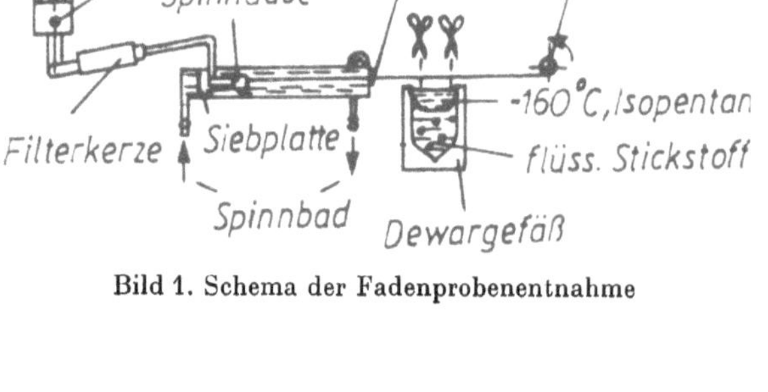

Bild 1. Schema der Fadenprobenentnahme

Das Fadenkabel wurde ohne Umlenkung durch eine Bohrung in der Stirnwand der Spinnbadwanne aus dem Spinnbad abgezogen, durchlief eine Luftstrecke von 10 cm, wurde dann über ein Gefäß, in dem sich gekühltes Isopentan (−160 °C) befand, hinweggeführt und danach auf einer Galette aufgewickelt. Die verschiedenen Badstrecken (d. h. Verweilzeiten) wurden durch Verschieben der Spinnbadwanne eingestellt. Auf diese Weise ließen sich Badstrecken bis herab zu 1,5 cm realisieren. Zur Probeentnahme wurde das laufende Fadenkabel in das Isopentangefäß hineingedrückt und mit Hilfe der Doppelschere durchschnitten. Bis zum Beginn der Gefriersubstitution wurden die Proben unter flüssigem N_2 aufbewahrt.

2.2. *Elektronenmikroskopische Präparation*

Die Entwässerung der Proben wurde bei −50 °C während drei Wochen durchgeführt, indem das Wasser gegen Äthylenglykolmonomethacrylat (GMA) ausgetauscht wurde. Nach der Gefriersubstitution wurde die Probe in einen auspolymerisierten GMA-Block eingebracht und mit vorpolymerisiertem GMA, dessen Polymerisationsschrumpfung vernachlässigbar ist, umgeben. Um Polymerisationsartefakte auszuschließen, wurden die Polymerisation des monomeren GMA und des vorpolymerisierten GMA unter Einwirkung von UV-Licht bei −40 °C durchgeführt. Nach einer Polymerisationszeit von 2 h war das GMA soweit ausgehärtet, daß von den Fadenproben Ultradünnschnitte hergestellt werden konnten. Experimentelle Einzelheiten zur Gefriersubstitution und zur Tieftemperaturpolymerisation sind in [4] dargestellt.

Die Ultradünnschnitte wurden mit Ammoniummolybdat kontrastiert [4]. Zur weiteren Kontraststeigerung wurden die im Elektronenmikroskop belichteten Platten nach dem Entwicklungsdetailfilter-Verfahren entwickelt [4, 5].

Zum Zwecke des methodischen Vergleiches wurden einige Proben außer durch Gefriersubstitution auch durch Lösungsmittelaustausch [2] entwässert.

3. *Ergebnisse und Diskussion*

Mit dem ausgearbeiteten Präparationsverfahren wurde versucht, den im jeweiligen Spinnstadium vorliegenden Viskosefaden-Gelzustand zu fixieren. Mit Hilfe der Ultradünnschnitt-Technik und geeigneter Kontrastierung konnte dieser Gelzustand elektronenmikroskopisch dargestellt werden. Es zeigte sich, daß mit dieser Methodik Viskose-Gelfäden bis herab zu Spinndüsenabständen von 1,5 cm entnommen werden konnten.

Die Ergebnisse der elektronenmikroskopischen Untersuchungen sind für verschiedene Spinndüsenabstände in den Bildern 2 bis 6 wiedergegeben. Die Proben der Bilder 2 bis 4 wurden durch Gefriersubstitution und die der Bilder 5 und 6 durch Lösungsmittelaustausch präpariert [2]. Bei einer vergleichenden Betrachtung der Bilder 2 und 4 zeigt sich, daß nach 1,5 cm Spinndüsenabstand (Bild 2) keine Kernmanteldifferenzierung im Fadenquerschnitt festzustellen ist, während nach 2,5 cm Düsenabstand (Bild 3) eine von der Peripherie her beginnende Kernmantelstrukturierung vorliegt. Diese Strukturdifferenzierung ist unter den angewendeten Spinnbedingungen spätestens in einem Düsenabstand von 9,5 cm abgeschlossen. Danach ist eine wesentliche Veränderung der Fadenmorphologie nicht mehr erkennbar, wenn z. B. mit der bei 113,5 cm Düsenabstand entnommenen Fadenprobe (Bild 4) verglichen wird. Die Herstellung der Gelfäden erfolgte wegen der

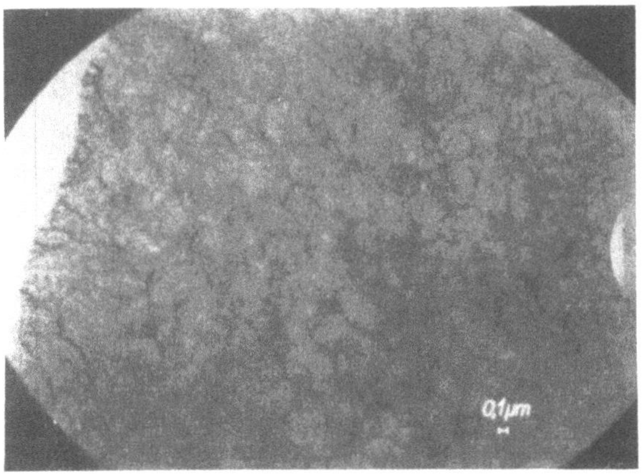

Bild 2. Ultradünnschnitt; Düsenabstand 1,5 cm (Gefriersubstitution, Kontrastierung mit 2% Ammoniummolybdat)

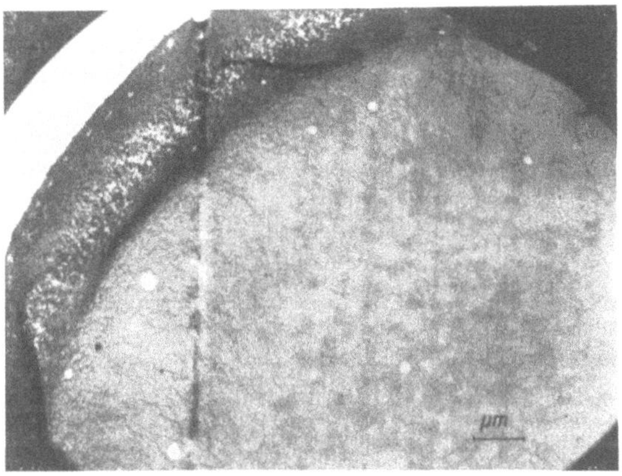

Bild 3. Ultradünnschnitt; Düsenabstand 2,5 cm (Gefriersubstitution, Kontrastierung mit 2% Ammoniummolybdat)

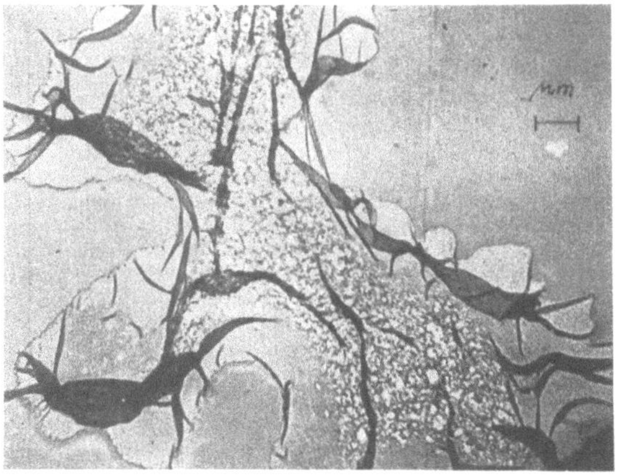

Bild 4. Ultradünnschnitt; Düsenabstand 113,5 cm (Gefriersubstitution, Kontrastierung mit 2% Ammoniummolybdat)

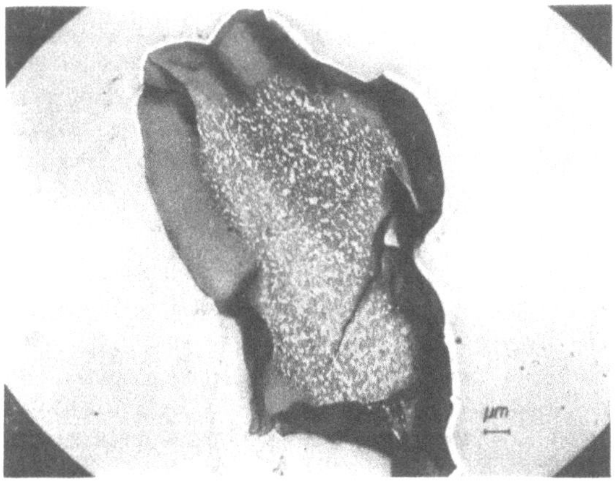

Bild 5. Ultradünnschnitt; Düsenabstand 9,5 cm (Lösungsmittelaustausch)

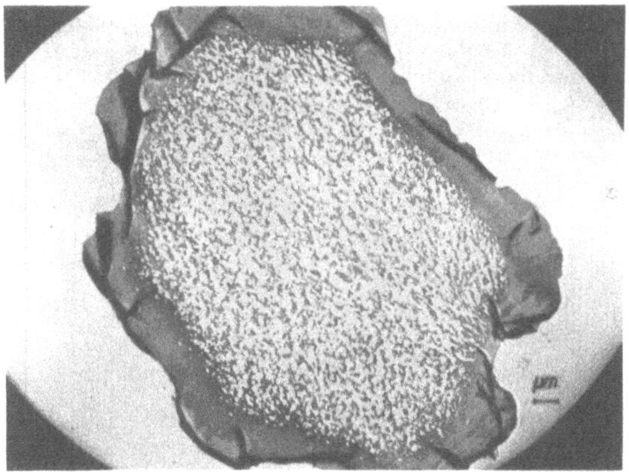

Bild 6. Ultradünnschnitt; Düsenabstand 113,5 cm (Lösungsmittelaustausch)

zur Präparation erforderlichen Probenmenge mit einer Mehrlochdüse, so daß mit einem Einfluß des Kabeleffektes zu rechnen ist. Dieser Kabeleffekt führt aber nicht dazu, daß die Aussage im Falle einer Einlochdüse prinzipiell anders wäre.

Die elektronenmikroskopischen Präparationsmethoden, wie Lösungsmittelaustausch, Gefriertrocknung und Gefrierätzung, verifizieren dieses Ergebnis, sofern das untersuchte Probenmaterial nach dem gleichen, für die Gefriersubstitution entwickelten Probenentnahmeverfahren erhalten wurde [4].

An den Bildern 5 und 6 (Spinndüsenabstände 9,5 bzw. 113,5 cm) sei das für den Fall des Lösungsmittelaustausches demonstriert. Bei geringeren Spinndüsenabständen (z. B. 1,5 und 2,5 cm) ist im Gegensatz zur Gefriersubstitution (Bild 3) bedingt durch die Präparationsmethodik beim Lösungsmittelaustausch keine beginnende Kernmanteldifferenzierung sichtbar zu machen.

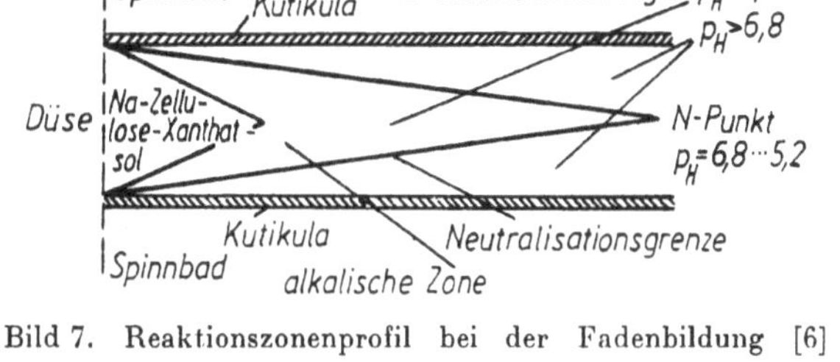

Bild 7. Reaktionszonenprofil bei der Fadenbildung [6]

Bekanntlich wird unter Benutzung von Modellvorstellungen postuliert, daß der Koagulationsprozeß die Fadenmorphologie und damit auch die mechanischen Eigenschaften festlegt [6].

In Bild 7 wird das gleichzeitige Vorhandensein von Sol- und Gelzustand in Spinndüsennähe schematisch in einem Reaktionszonenprofil dargestellt. Die Bilder 2 und 3 sind eine unmittelbare experimentelle Bestätigung des als Modell postulierten Reaktionszonenprofils. Bild 2 läßt keine Entscheidung darüber zu, ob ein Sol- oder Gelzustand im Düsenabstand von 1,5 cm vorliegt. Aus Bild 3 hingegen kann entnommen werden, daß sich die bereits in der Randzone ausgebildete Kernmantelstruktur deutlich vom Fadeninneren unterscheidet. Das bedeutet, daß sich sichere Aussagen über eine Immobilisierung des Solsystems nur auf diese Randzone beschränken können.

Entsprechend dem Reaktionszonenprofil in Bild 7 kann angenommen werden, daß bei diesen geringen Spinndüsenabständen ursprünglich bei der Probenentnahme Sol- und Gelzustand nebeneinander vorlagen. Inwieweit dieser Zustand des tatsächlich gleichzeitigen Vorliegens von Viskosesol und -gel elektronenmikroskopisch durch die Methode der Gefriersubstitution nachweisbar ist, kann durch die hier angewandte Methodik allein nicht entschieden werden. Eine definitive Aussage diesbezüglich dürfte nur durch Vergleich mit prinzipiell andersartigen Untersuchungsmethoden zur Sol/Gel-Umwandlung möglich sein.

Als potentielle Artefaktquellen sind die nachträgliche Koagulation und Entmischungsvorgänge des Sols durch das Glykolmethacrylat bzw. durch Eiskristallbildung beim Prozeß der Gefriersubstitution anzusehen. Bei einer Substitutionstemperatur von —50 °C muß mit Platzwechselvorgängen gerechnet werden, wie z. B. *Purz* [7] bei der elektronenmikroskopischen Untersuchung von Latexdispersionen mit Hilfe der Gefrierätztechnik noch unterhalb von —100 °C durch entsprechende Segregationsphänomene sichtbar machen konnte. IR-spektroskopische Untersuchungen[1]) schließen unter den Gefriersubstitutionsbedingungen Pfropfreaktionen mit dem Glykolmethacrylat aus. Eine artifizielle Eigenstruktur des Glykolmethacrylats konnte nicht festgestellt werden. Die notwendigen Einschränkungen bei der Interpretation der elektronenmikroskopischen Untersuchungsergebnisse gestatten den Schluß, daß es mit der erarbeiteten Methodik gelungen ist, die Koagulationszone anhand der elektronenmikroskopischen Abbildung sichtbar zu machen und ihre Ausdehnung unter den Spinnbedingungen über den Fadenquerschnitt zu ermitteln.

[1]) Herrn Dr. *J. Dechant*, IPOC Teltow, sei für die IR-Aufnahmen und deren Auswertung gedankt.

Die genannten Ergebnisse sind mit den aufgezeigneten Anwendungsgrenzen auf jeden beliebigen, über eine Koagulation bzw. Fällungsformation ablaufenden Bildungsprozeß polymerer Faden-, Flächen- oder Formgebilde übertragbar.

Die vorliegenden elektronenmikroskopischen Ergebnisse dürften die Grenze einer prinzipiellen Aussagekraft über die Sol/Gel-Umwandlung beim Fadenbildungsprozeß mit der benutzten Methodik erreicht haben. Einen weiteren Aufschluß über den Mechanismus der Fadenbildung werden wahrscheinlich nur andere Untersuchungsmethoden geben können.

Literatur

[1] *Götze, K.:* Chemiefasern nach dem Viskoseverfahren. Berlin/Heidelberg/New York: Springer 1967, Band 1.

[2] *Gensrich, H.-J.:* Elektronenmikroskopische Untersuchungen zur Morphologie von Celluloseregeneratfäden unter besonderer Berücksichtigung der Koagulationsbedingungen. Dissertation Karl-Marx-Universität Leipzig 1971; auszugsweise veröffentlicht in: Elektronenmikroskopische Untersuchungen an Ultradünnschnitten von Celluloseregeneratfäden. Teil I: Präparationsmethoden. Faserforsch. u. Textiltechnik **20** (1969) 3, S. 118—124. Teil II: Die Struktur von Gelfäden, koaguliert in Ammoniumsulfatlösungen. Faserforsch. u. Textiltechnik **20** (1969) 9, S. 425—433.

[3] *Buschatz, H.:* Laborspinnapparatur für Viskosefäden. Faserforsch. u. Textiltechnik **23** (1972) 6, S. 266—269.

[4] *Hicke, H.-G.:* Methodische Untersuchungen zur Gefriersubstitution und Elektronenmikroskopie am Beispiel von Viskosegelfäden. Dissertation, Akademie der Wissenschaften der DDR, Berlin 1974.

[5] *Lau, E.*, und *Hicke, H.-G.:* Entwicklungsdetailfilterverfahren bei elektronenmikroskopischen Originalaufnahmen. Bild u. Ton **25** (1972) 3, S. 71—73.

[6] *Gröbe, A.*, *Maron, R.*, und *Klare, H.:* Untersuchungen über die Fadenbildungsreaktion an Viskosekapillarfäden. Faserforsch. und Textiltechnik **12** (1961) 5, S. 196—207.

[7] *Purz, H. J.*, und *Gröbe, A.:* Methodische Untersuchungen zur Gefrierätztechnik an Kunststoffdispersionen. Faserforsch. u. Textiltechnik **22** (1971) 5, S. 235—242.

Eingegangen am 16. April 1974

Faserforschung und Textiltechnik 25 (1974) Heft 10
Zeitschrift für Polymerforschung

Zur Sauerstoffaufnahme schmelzflüssiger Polyamide bei kleinen Sauerstoffpartialdrücken[1)][2)]

Werner Jaeger und Martin Schneider

Akademie der Wissenschaften der DDR, Institut für Polymerenchemie in Teltow-Seehof

DK 678.675'126—402.2:678.675'4'4:542.943:541.128.2

Die Sauerstoffaufnahme schmelzflüssigen Polycaprolactams bei kleinen Sauerstoffpartialdrücken erfolgt als autokatalytisch beschleunigte Radikalkettenreaktion. Vergleichende Untersuchungen weisen aus, daß die schmelzflüssigen Polyamide 6, 6.6 und 11 Sauerstoff mit etwa gleicher Geschwindigkeit aufnahmen.

О поглощении кислорода расплавами полиамидов при низких парциальных давлениях

Поглощение кислорода расплавом поликапролактама при низких парциальных давлениях протекает как автокатализируемая радикальная цепная реакция. Сравнительные исследования показывают, что поглощение кислорода расплавами полиамидов 6, 6.6 и 11 происходит с приблизительно одинаковой скоростью.

Oxygen Absorption of Polyamide Melts at Low Oxygen Partial Pressure

The oxygen absorption of a polycaprolactam melt at low oxygen partial pressure proceeds as autocatalytically accelerated radical chain reaction. Comparative investigations proved the absorption rate to be alike with polyamide 6, -6.6 and -11.

1. Einführung

Thermisch aktivierte Schädigungsreaktionen von Polyamiden können sowohl zu Kettenspaltungen als auch zu Vernetzungen führen, dabei werden Art und Umfang der chemischen Veränderungen der Makromoleküle entscheidend von der Zusammensetzung der umgebenden Atmosphäre bestimmt. Die Mehrzahl der literaturkundigen Arbeitsergebnisse [1] umfaßt phänomenologische Beobachtungen von Eigenschaftsänderungen der Polymeren bzw. Beschreibungen kettenspaltender Prozesse oder spezieller chemischer Umwandlungen nach Thermooxydation in Luft oder reinem Sauerstoff, in geringem Umfang wurden auch Thermolysereaktionen unter Inertgas bzw. im Vakuum untersucht. Schädigungsreaktionen bei kleinen Sauerstoffkonzentrationen in der Gasphase hingegen, die für die unter weitgehendem Ausschluß von Sauerstoff erfolgende Herstellung und Verarbeitung der Polyamide nützliche Informationen liefern können, wurden bislang noch nicht systematisch bearbeitet.

Verlauf und Umfang von Thermooxydationsreaktionen von Polyamiden und deren Folgereaktionen werden von der Menge des vom Polymeren unter den jeweiligen Versuchsbedingungen aufgenommenen Sauerstoffs und damit bei Reaktionsführung in Gegenwart geringer Sauerstoffmengen entscheidend vom Sauerstoffpartialdruck der Gasphase bestimmt [2]. Im Rahmen einer systematischen Untersuchung thermooxydativ initiierter Schädigungsreaktionen haben wir deshalb auch die zur Interpretation entsprechender Versuchsergebnisse notwendigen Kenntnisse über die Wechselwirkung des Polymeren mit Sauerstoff ermittelt. Gegenstand dieser Publikation ist die kinetische Beschreibung der Sauerstoffaufnahme schmelzflüssiger Polyamide bei kleinen Sauerstoffpartialdrücken. Über einige Fragen der Wechselwirkung fester Polycaprolactame mit O_2 werden wir in einer weiteren Mitteilung berichten.

2. Experimentelle Methodik

Zur Bestimmung der Sauerstoffaufnahme durch die schmelzflüssigen Polyamide wurde mit geringen Anteilen Sauerstoff beladener trockener Reinststickstoff durch die Polymerenschmelze geleitet und durch quantitative O_2-Bestimmung im Abgas die aufgenommene Sauerstoffmenge ermittelt.

Die Sauerstoffdotierung erfolgte im Anodenraum einer Elektrolysezelle (0,1 n H_2SO_4, platinierte Pt-Elektroden, Gleichspannungsregler 301 E VEB Statron, 140 V, 6,25 bis 25 mA), den der gesamte Reinststickstoff vor Eintritt in das Reaktionsgefäß passierte. Hier kann bei konstanter Spannung durch Variation der Stromstärke die elektrolytisch erzeugte Sauerstoffmenge in einfacher Weise reproduzierbar eingestellt werden (vgl. Tabelle 1). Die quantitative Sauerstoffbestimmung im Inertgas erfolgte mit einem Sauerstoffspurenanalysator Elcoflux CG 10-3 (Dr. THIEDIG u. Co. KG, Westberlin, Meßbereiche 0 bis 10, 0 bis 100, 0 bis 1000 ppm mit einem Fehler von jeweils 5% der Anzeige). Für eine ausreichende Meßgenauigkeit ist eine Strömungsgeschwindigkeit > 5 l/h erforderlich, so daß sowohl die Bestimmung des Sauerstoffgehaltes im Trägergas (Eichung der Elektrolysezelle) als auch die Abgasanalysen bei höheren Strömungsgeschwindigkeiten des Trägergases als die eigentlichen O_2-Aufnahmeversuche durchgeführt werden mußten. Da bei gegebenen Elektrolysebedingungen die O_2-Konzentration im Inertgas umgekehrt proportional der Strömungsgeschwindigkeit des Trägergases ist, kann bei bekannter Strömungsgeschwindigkeit der Eichmessung die in ppm angezeigte O_2-Konzentration sofort für jede beliebige Trägergasgeschwindigkeit, also auch für die Strömungsgeschwindigkeit von 3,6 l/h bei den eigentlichen Sauerstoffaufnahmeversuchen, umgerechnet werden. Für quantitativ vergleichende Aussagen empfiehlt sich die Mengenangabe in mmol O_2/Grundmol

Tabelle 1. Sauerstoffgehalt in N_2/O_2-Mischungen bei einer Trägergasgeschwindigkeit von 3,6 l/h (umgerechnet)

I mA	O_2-Konzentr. ppm	Sauerstoffangebot mmol/h	 ml/h	 mmol O_2 / Grundmol PA · h
25,0	950	0,153	3,42	1,082
12,5	500	0,080	1,80	0,566
10,0	410	0,066	1,48	0,474
6,25	275	0,044	0,99	0,311
0,00*)	50	0,008	0,18	0,057

*) Blindwert der Versuchsapparatur

[1)] 16. Mitt. über Probleme der Polyamidchemie. 15. Mitt.: *Gohlke, U.*, und *Reinisch, G.*: Faserforsch. u. Textiltechnik **24** (1973) 7, S. 282—288.

[2)] Teil der Dissertation von *M. Schneider*, Forschungsbereich Chemie der AdW 1974.

PA · h. Durch Schliffverbindungen eindiffundierender Luftsauerstoff führt zu einem Blindwert der Versuchsapparatur von 50 ppm O_2 bei einer Strömungsgeschwindigkeit des nicht dotierten Reinststickstoffs von 3,6 l/h, der O_2-Gehalt des N_2 betrug ca. 2 ppm.

Die Versuche zur Sauerstoffaufnahme wurden in einer Glasapparatur (zylindrischer Glastubus, ⌀ 24 mm, 1140 mm, Gaseinleitungsrohr am Boden) mit Schneckenrührer (Rührgeschwindigkeit 3 U/min) durchgeführt, die Thermostatierung erfolgte in einem Salzbad zu ±0,7 grd, vgl. auch [3]. Die durchschnittliche Schichtdicke betrug 3 mm. Pro Versuch wurden 16 g Polycaprolactamgranulat ($[NH_2]$ = 50,6 µÄqu/g, [COOH] = 50,7 µÄqu/g, Extraktgehalt = 1,86%, $\bar{P}_{n(visk)}$ [4] = 159) eingesetzt. Zunächst wurde das gesamte, weitgehend schlauchfrei aufgebaute System 16 h mit Reinststickstoff und anschließend mit der jeweiligen N_2/O_2-Mischung gespült. Nach beendeter Thermostatierung strömt das dotierte Trägergas mit wechselnder, durch den unterschiedlichen Widerstand der ihre geometrische Form ändernden viskosen Schmelze bedingter Geschwindigkeit durch das schmelzflüssige Polymere. Man beobachtet kurzzeitige (10 bis 30 sec.) rhythmische Schwankungen der Strömungsgeschwindigkeit um ±10%, das in größeren Zeiträumen (z. B. pro Stunde) durch die Schmelze geleitete Gasvolumen, und damit die Gesamtmenge des in dieser Zeiteinheit angebotenen Sauerstoffs, bleibt jedoch unverändert. Das Abgas wurde in graduierten Behältern über einer Sperrflüssigkeit aufgefangen und dann der O_2-Gehalt der in definierten Zeiträumen (5 bis 20 min) gesammelten Abgasmengen bestimmt. Man erhält so die in den jeweiligen Auffangintervallen von der Schmelze aufgenommene Sauerstoffmenge. Bei zweimaliger Wiederholung der Versuche waren die Abweichungen vom Mittelwert der Sauerstoffaufnahme nicht größer als ±10%.

3. *Ergebnisse und Diskussion*

Quantitative Bestimmungen der Sauerstoffaufnahme werden häufig zur vergleichenden Beschreibung der Thermooxydationsbeständigkeit von Polymeren, insbesondere von Polyolefinen sowie auch zur Beurteilung von Thermostabilisatoren herangezogen, vgl. z. B. [5] und dort zitierte Literatur. Für Polyamide als Substrat sind bislang vergleichsweise wenig derartige Untersuchungen bekannt geworden. *Okuhashi* bestimmte die Sauerstoffaufnahme von Polyhexamethylenadipamidfäden bei 220 °C in Luft, ein quantitativer Zusammenhang mit der Änderung mechanischer Eigenschaften konnte nicht ermittelt werden [6]. Bei 160 °C steigt mit sinkender rel. Molekülmasse fraktionierter Polyamid-6.6-Materialien die aus einer Atmosphäre reinen Sauerstoffs aufgenommene O_2-Menge [7]. Nach Angaben von *Schard* und *Russel* wächst beim Erhitzen dünner Filme in reinem Sauerstoff auf 150 °C bei Reaktionszeiten bis 80 h die O_2-Aufnahmegeschwindigkeit in der Reihenfolge Polyamid 6, Polyamid 6.6 und Polyamid 6.10 [8]. *Michajlov* u. a. fanden, daß bei 140 bis 180 °C und Sauerstoffpartialdrücken zwischen 365 und 700 Torr die Induktionsperiode der O_2-Aufnahme von Polycaprolactamfäden mit steigender Temperatur und wachsendem Sauerstoffdruck abnimmt [9], vgl. auch [10].

Die genannten Experimentalberichte stellen generell phänomenologische Beobachtungen bei hohen O_2-Anteilen in der Gasphase dar und beziehen sich ausschließlich auf feste Polyamide. Eine kinetische Auswertung und mechanistische Interpretation der Ergebnisse wurde in keinem Fall vorgenommen.

3.1. *Kinetik der Sauerstoffaufnahme von Polycaprolactam*

Leitet man die in Tabelle 1 genannten N_2/O_2-Mischungen im Temperaturbereich 256 bis 296 °C mit einer Geschwindigkeit von 3,6 l/h durch gerührte Polycaprolactamschmelzen, so wird durch das Polymere Sauerstoff mit wechselnder Geschwindigkeit aufgenommen (Bild 1). Nach einer von Reaktionstemperatur und Sauerstoffpartialdruck abhängigen Induktionsperiode folgt ein teilweise gut ausgeprägter linearer Kurvenverlauf, anschließend nimmt die Sauerstoffaufnahmegeschwindigkeit wieder ab. Der Anstieg im linearen Bereich bzw. am Wendepunkt der Kurven ist um so steiler, je höher die Reaktionstemperatur bzw. je größer der Sauerstoffpartialdruck in der Gasmischung ist.

Prinzipiell könnten durch die Sauerstoffaufnahme drei Typen von Reaktionen ausgelöst werden [11]: Oxydation durch einzelne molekulare Reaktionen mit Sauerstoff, Peroxygenierung bzw. Oxygenierung [12] durch Kettenreaktionen sowie Oxydation von Thermolyseprodukten. Die in den ersten 40 bis 60 min ständig wachsende Sauerstoffaufnahmegeschwindigkeit weist auf autokatalytisch beschleunigte Prozesse (Oxydation durch Kettenreaktion) hin. Danach sollten in Analogie zur Autoxydation von Kohlenwasserstoffen und Polyolefinen (vgl. z. B. [5, 11 bis 14] und dort zitierte Literatur) im Ergebnis der Sauerstoffaufnahme in Radikalkettenreaktionen Peroxyde gebildet werden, deren radikalischer Zerfall neue Reaktionsketten initiiert. Die Sauerstoffaufnahmegeschwindigkeit muß in dieser Phase der Reaktion in gesetzmäßiger Weise mit der

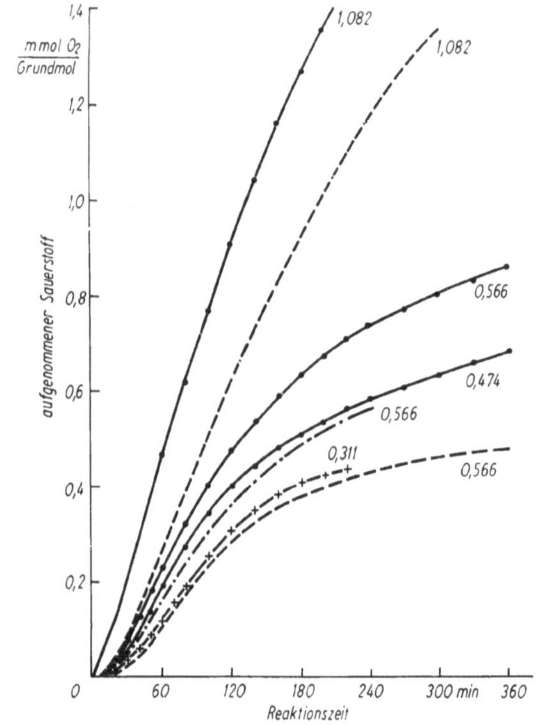

Bild 1. Sauerstoffaufnahme von schmelzflüssigem Polycaprolactam
——— 296 °C ·—·—· 276 °C — — — 256 °C
Zahlenangaben: O_2-Angebot in der Gasphase in mmol O_2/Grundmol · h

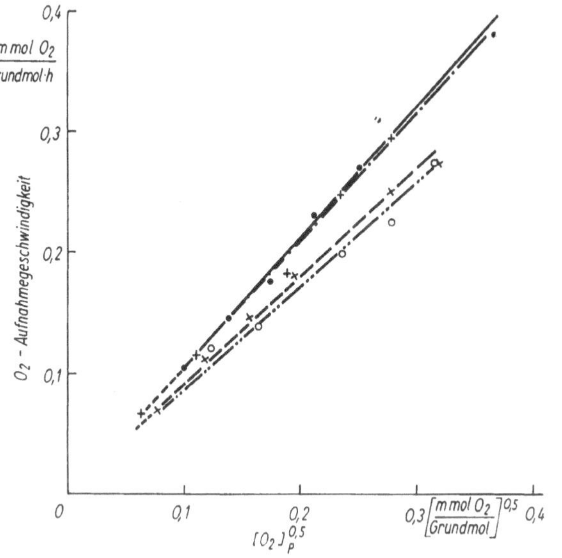

Bild 2. Sauerstoffaufnahme von schmelzflüssigem Polycaprolactam. O_2-Aufnahmegeschwindigkeit als Funktion des vom Polymeren aufgenommenen Sauerstoffs

•——•	256 °C;	Gasphase	1,082 mmol O_2/Grundmol · h
×----×	276 °C;	„	0,566 mmol O_2/Grundmol · h
+-·-·+	296 °C;	„	0,566 mmol O_2/Grundmol · h
○-···-○	296 °C;	„	0,474 mmol O_2/Grundmol · h

Menge der gebildeten Peroxide und damit gleichzeitig mit der Menge des vom Polymeren aufgenommenen Sauerstoffs $[O_2]_P$ wachsen, die formale Abhängigkeit wird durch den Startmechanismus der autokatalytisch beschleunigten Radikalkettenautoxydation bestimmt, vgl. z. B. [15, 16]. Mit den für einen Teil der Kurven in Bild 1 graphisch bis zum Wendepunkt bestimmten Werten für die Sauerstoffaufnahmegeschwindigkeit $d[O_2]_P/dt$ fanden wir für diesen Bereich die Beziehung (Bild 2)

$$\frac{d[O_2]_P}{dt} \approx k \cdot [O_2]_P^{0,5} \quad (1)$$

deren aus dem Mechanismus von Autoxydationsreaktionen für *hohe* Sauerstoffpartialdrücke abgeleitete kinetische Begründung seit längerem bekannt ist, vgl. [11, 15, 17]. Unter unseren speziellen Versuchsbedingungen gilt diese Beziehung, wie nachstehend begründet wird, auch für niedrige Sauerstoffpartialdrücke.

Die Autoxydation von Kohlenwasserstoffen und organischen Polymeren kann durch folgendes vereinfachtes Schema erklärt werden [5, 11 bis 15, 17]:

Startreaktion:

$$\text{Bildung von Radikalen R· oder ROO·}(k_1) \quad (2)$$

Fortpflanzung: $$R\cdot + O_2 \xrightarrow{k_2} ROO\cdot \quad (3)$$

$$ROO\cdot + RH \xrightarrow{k_3} ROOH + R\cdot \quad (4)$$

Abbruch: $$2R\cdot \xrightarrow{k_4} R-R \quad (5)$$

$$R\cdot + RO_2\cdot \xrightarrow{k_5} R{-}OO{-}R \quad (6)$$

$$2RO_2\cdot \xrightarrow{k_6} \text{nichtradikalische Produkte}. \quad (7)$$

Bei hohen Sauerstoffpartialdrücken und ungehinderter Sauerstoffzufuhr erfolgt der Kettenabbruch ausschließlich nach Reaktion (7), während in viskosen Medien und bei niedrigen Sauerstoffkonzentrationen Termination gemäß (5) überwiegt.

In der Primärreaktion kann z. B. direkter Angriff des Sauerstoffs auf das Polymere unter Radikalbildung erfolgen, die Geschwindigkeit dieser Reaktion ist jedoch vergleichsweise zu (8) und (9) gering [17]. Daneben zerfallen jedoch nach (4) gebildete Hydroperoxide in mono- oder bimolekularer Reaktion unter Radikalbildung.

$$ROOH \xrightarrow{k_1'} RO\cdot + \cdot OH \quad (8)$$

$$2ROOH \xrightarrow{k_1''} RO\cdot + ROO\cdot + H_2O. \quad (9)$$

Die radikalischen Bruchstücke haben dann die Funktion von Initiatorradikalen; sie reagieren unter Kettenverzweigung mit RH-Molekeln. Daneben erfolgt auch Zerfall der Hydroperoxide in stabile Endprodukte unter Ausbildung neuer, sauerstoffhaltiger Strukturen, und zwar meist unter Spaltung der Hauptkette [11, 12][3]).

Vernachlässigt man den Primärschritt, mögliche Sauerstoffaufnahme durch in der Startreaktion (2) bzw. in den Abbruchreaktionen entstandene Spezies sowie durch Reaktion (7) gebildete O_2-Anteile und schließt weitere Reaktionen, insbesondere des ROO·-Radikals, aus, so gilt für die Sauerstoffaufnahme folgender kinetischer Ansatz, vgl. [5, 11, 15, 17]:

Die Sauerstoffaufnahmegeschwindigkeit ist gleich der Geschwindigkeit der Kettenfortpflanzung, für die Reaktion (4) bestimmend ist ($E_A(3) = 0$ kcal/mol, $E_A(4) = 11$ kcal/mol für sek. C-Atome)

$$-\frac{d[O_2]}{dt} = k_3\,[ROO\cdot]\,[RH]. \quad (10)$$

Für kleine Peroxydkonzentrationen gilt das Stationaritätsprinzip ([Radikale] = const.), d. h. es ist sowohl die Geschwindigkeit der Radikalbildung nach (8) bzw. (9) gleich der Geschwindigkeit der Abbruchreaktion ((5) für niedrige und (7) für hohe O_2-Drücke) als auch $v_2 = v_3$ und man erhält nach kurzer Rechnung

$$-\frac{d[O_2]}{dt} = v_1^{0,5} \cdot k_2 \cdot k_4^{-0,5}[O_2] \quad (11)$$

für kleinen Sauerstoffpartialdruck. Mit $v_1 = k_1'[ROOH]$ (aus (8)) erhält man

$$-\frac{d[O_2]}{dt} = \frac{d[O_2]_P}{dt} = k_1'^{0,5} \cdot k_2 \cdot k_4^{-0,5}[ROOH]^{0,5}[O_2]. \quad (12)$$

Für den von uns untersuchten Anfangsbereich der Autoxydation bis zum Wendepunkt der Kurven in Bild 1 gilt $[ROOH] = [O_2]_P$. Unter unseren spezifischen Versuchsbedingungen des ständigen Durchleitens von

[3]) Die Identifizierung von Folgeprodukten bei der Thermooxidation der Polymeren sowie Untersuchungen an niedermolekularen Modellamiden weisen aus, daß eine Peroxigenierung der Polyamidmolekeln am N-vicinalen Kohlenstoffatom erfolgt [1, 23]. Die besondere Reaktivität des N-vicinalen C-Atoms wird durch Mesomeriestabilisierung des C-Radikals (R· im o.g. Schema) [22, 23] und Konformationsüberlegungen [23, 24] begründet.

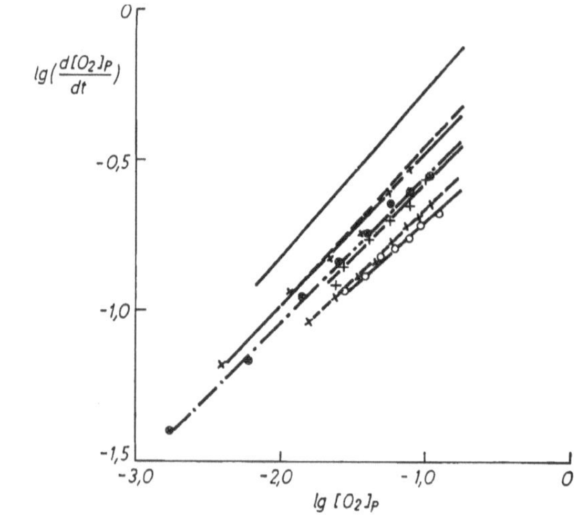

Bild 3. Sauerstoffaufnahme von schmelzflüssigem Polycaprolactam. Bestimmung von k und n in Gleichung (13)

———	296 °C; ·	Gasphase	1,082 mmol O_2/Grundmol · h
·—·—·	276 °C; ⊗×	,,	0,566 mmol O_2/Grundmol · h
— — —	256 °C; +	,,	0,474 mmol O_2/Grundmol · h
	○	,,	0,311 mmol O_2/Grundmol · h

N_2/O_2-Mischungen mit konstantem Sauerstoffanteil durch die Polymerschmelze kann weiterhin trotz des kleinen Sauerstoffpartialdrucks die O_2-Konzentration im Reaktionssystem näherungsweise als konstant angesehen werden, damit wird für jeden beliebigen, unveränderlichen Sauerstoffpartialdruck

$$k_1'^{0,5} \cdot k_2 \cdot k_4^{-0,5} \cdot [O_2] = \text{const.}$$

und

$$\frac{d[O_2]_P}{dt} = k[O_2]_P^{0,5}. \qquad (13)$$

Der Absolutwert der Konstanten k dieser Gleichung wird jedoch vom jeweiligen Sauerstoffanteil in der Gasphase bestimmt. Bei bimolekularem Zerfall des Hydroperoxids nach (9) als Primärschritt nimmt der Exponent n in Gleichung (13) den Wert 1 an.

Wir bestimmten n und k für Gleichung (13) nach Logarithmieren der Differentialgleichung graphisch als Steigung bzw. Ordinatenabschnitt der Darstellung in Bild 3, eine Zusammenstellung der ermittelten Werte enthält Tabelle 2. Danach ist n für alle untersuchten Reaktionsbedingungen rund 0,5.

Tabelle 2. Sauerstoffaufnahme von schmelzflüssigem Polycaprolactam. Bestimmung von k und n der Beziehung $d[O_2]_P/dt = k[O_2]_P^n$

T °C	O_2-Angebot $\frac{\text{mmol } O_2}{\text{Grundmol} \cdot \text{h}}$	n	k $\left[\frac{\text{mmol } O_2}{\text{Grundmol} \cdot \text{h}^2}\right]^{0,5}$
256	1,082	0,52	1,18
256	0,566	0,46	0,63
276	0,566	0,49	0,85
296	1,082	0,56	2,00
296	0,566	0,51	1,10
296	0,474	0,49	0,83
296	0,311	0,44	0,55

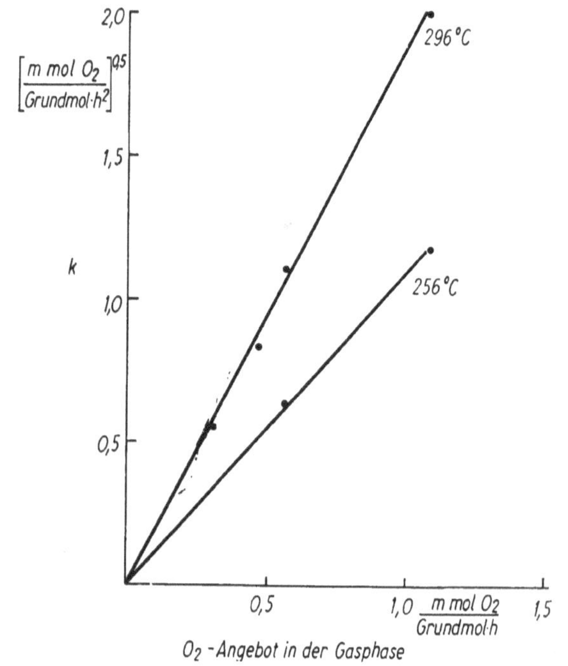

Bild 4. Sauerstoffaufnahme von schmelzflüssigem Polycaprolactam. Sauerstoffaufnahmegeschwindigkeit in Abhängigkeit vom O_2-Gehalt der Gasphase

Bei gegebener Temperatur werden die k-Werte, wie oben bereits begründet, vom Sauerstoffanteil der Gasphase bestimmt (Tabelle 2), da durch unsere Experimentalanordnung die Sauerstoffkonzentration in den N_2/O_2-Mischungen während der Versuchsdurchführung zwar konstant ist, die Sauerstoffaufnahmegeschwindigkeit natürlich aber auch von der Absolutmenge des (sehr kleinen) Sauerstoffanteils im Stickstoff abhängt. Bei allen untersuchten Temperaturen wächst k linear mit der Konzentration des Sauerstoffs in der Gasphase $[O_2]_G$. Der Darstellung in Bild 4 entnahmen wir die Beziehungen $k_{256^\circ} = 1{,}1\ [O_2]_G$ und $k_{296^\circ} = 1{,}9[O_2]_G$ mit $[O_2]_G$ in mmol O_2/Grundmol · h; der Geltungsbereich ist naturgemäß auf den untersuchten Sauerstoffpartialdruckbereich beschränkt.

Arrhenius-Auftragungen ergaben für Sauerstoffangebote von 1,082 bzw. 0,566 mmol O_2/Grundmol · h identische Aktivierungsenergien von 8,2 kcal/mol; der Schnitt mit der Ordinate hängt vom Sauerstoffpartialdruck ab. Wir erhielten $k_{1,082} = 2790 \cdot e^{-8,2/RT}$ und $k_{0,566} = 1740 \cdot e^{-8,2/RT}$; da k linear mit der Sauerstoffkonzentration in der Gasphase wächst, gilt innerhalb des untersuchten O_2-Partialdruckbereichs $k = 2820\ [O_2]_G \cdot e^{-8,2/RT}$ mit $[O_2]_G$ in mmol O_2/Grundmol · h. Daraus errechnet sich für 256 bzw. 296 °C k zu 1,09 bzw. 1,89 $[O_2]_G$ in guter Übereinstimmung mit den o. g. graphisch ermittelten Werten.

Überraschend ist zunächst der niedrige E_A-Wert der O_2-Aufnahme; nach Gleichung (12) wäre $E_A \approx 0{,}5\ E'_{A_1}$[4]) zu erwarten. Damit übereinstimmend soll für die

[4]) E'_{A_1} = Aktivierungsenergie des monomolekularen Peroxidzerfalls nach Gl. (8); für niedermolekulare Hydroperoxide 27 bis 39 kcal/mol [14], für ataktisches Polypropylen 27 kcal/mol [18].

O_2-Aufnahme von (festen) Polymeren E_A allgemein zwischen 17 und 27 kcal/mol liegen [19].

Thomas und *Harle* [20] konnten nun experimentell nachweisen, daß der radikalische Zerfall von Tetralinhydroperoxid in Lösung sehr stark vom Lösungsmittel abhängt und daß die Aktivierungsenergie der Reaktion durch Variation des Lösungsmittels von 30 bis auf 18 kcal/mol verringert werden kann. Sie diskutieren deshalb eine bimolekulare Reaktion zwischen Hydroperoxid und Lösungsmittel

$$ROOH + RH \rightarrow RO\cdot + R\cdot + H_2O . \quad (14)$$

Nach Berechnungen von *Semjonov* ist Reaktion (14) gegenüber dem monomolekularen Peroxidzerfall (8) energetisch begünstigt [21], und zwar insbesondere dann, wenn die gebildeten Radikale R· z. B. durch Mesomerie stabilisiert sind.

Wir vermuten deshalb, daß die niedrige Aktivierungsenergie der O_2-Aufnahme der Polycaprolactamschmelze ebenfalls durch einen bimolekularen Zerfall des gebildeten Polyamidhydroperoxids gemäß Gleichung (14) unter Bildung N-vicinaler Kohlenstoffradikale R· aus dem unveränderten Polymeren bedingt wird. Da das Lösungsmittel Polycaprolactam in großem Überschuß vorhanden ist, wäre der Zerfall des Polyamidhydroperoxids dann als Reaktion von pseudo-1. Ordnung anzusehen. Aus einer Peroxidmolekel entstehen im Primärschritt in jedem Falle zwei Radikale, so daß die aus o. g. kinetischem Schema abgeleiteten Aussagen nicht beeinträchtigt werden.

3.2. Vergleichende Untersuchungen zur Sauerstoffaufnahme von Polycaprolactam, Polyhexamethylenadipamid und Polyundecanamid

Unter analogen Experimentalbedingungen erfolgt die Sauerstoffaufnahme von schmelzflüssigem Polyhexamethylenadipamid bzw. Polyundecanamid mit vergleichbarer Geschwindigkeit wie bei Polycaprolactam. Auch bei diesen Polymeren erhält man für die O_2-Aufnahme den in Bild 1 erkennbaren S-förmigen Kurvenverlauf, mit den graphisch ermittelten Werten für die Sauerstoffaufnahmegeschwindigkeit wird ebenfalls eine Linearisierung durch Gleichung (1) erreicht. Die graphische Bestimmung von k und n nach Logarithmieren von Gleichung (13) führte zu den in Tabelle 3 zusammengestellten Werten, die sowohl für Polyamid 6,6 als auch Polyamid 11 innerhalb der Fehlergrenzen identisch mit denen des Polyamids 6 sind. Danach erfolgt die Sauerstoffaufnahme der drei schmelzflüssigen Polyamide unter unseren Versuchsbedingungen nach demselben Radikalkettenmechanismus mit vergleichbarer Geschwindigkeit[5]).

Tabelle 3. Sauerstoffaufnahme schmelzflüssiger Polyamide. Vergleichende Bestimmung von k und n der Beziehung $d[O_2]_P/dt = k[O_2]_P^n$ für Polyamid 6, Polyamid 6.6 und Polyamid 11

Polyamid	T °C	O_2-Angebot $\frac{\text{mmol } O_2}{\text{Grundmol} \cdot \text{h}}$	n	k $\left[\frac{\text{mmol } O_2}{\text{Grundmol} \cdot \text{h}^2}\right]^{0,5}$
6.6	276	0,566	0,48	0,89
6	276	0,566	0,49	0,85
11	296	0,915	0,48	1,48
6	296	0,915	—	1,74*)

*) berechnet nach $k = 1{,}9\ [O_2]_G$

Wir danken Herrn Prof. Dr. *G. Reinisch* für zahlreiche fördernde Diskussionen.

Dem VEB Chemiefaserkombinat Schwarza „Wilhelm Pieck" Rudolstadt sind wir für die materielle Förderung dieser Untersuchungen zu Dank verpflichtet.

Literatur

[1] Vgl. z. B. bei *Jaeger, W., Jakob, W.*, und *Reinisch, G.*: Gelteilchenbestimmung in Polycaprolactamlösungen. Faserforsch. u. Textiltechnik **21** (1970) 12, S. 529—536, zitierte Literatur.

[2] *Jaeger, W., Reinisch, G.*, und *Schneider, M.*: unveröffentlichte Ergebnisse.

[3] *Rafler, G., Bonatz, E.*, und *Reinisch, G.*: Zur Kinetik der Polyäthylenterephthalatbildung im offenen System. I. Faserforsch. u. Textiltechnik **24** (1973) 6, S. 235—239.

[4] *Reinisch, G.*: Zur $[\eta]$-$\bar{M}_n$-Beziehung für Polycaprolactam in 95,6%iger H_2SO_4. Faserforsch. u. Textiltechnik **25** (1974) 3, S. 111—114.

[5] *Conley, R. T.*: Thermal stability of polymers. Bd. 1. New York: Marcel Dekker, Inc. 1970, S. 113ff., 153ff.

[6] *Okuhashi, T.*: Untersuchungen zum thermischen Verhalten von Polyamiden. I. Kobunshi Kagaku, Tokyo (Chem. High Polymers) **27** (1970) 304, S. 562—568.

[7] *Okuhashi, T.*, und *Kuwahara, M.*: Untersuchungen zum thermischen Verhalten von Polyamiden. II. Kobunshi Kagaku (Chem. High Polymers) **27** (1970) 305, S. 628—636.

[8] *Schard, M. P.*, und *Russel, C. A.*: Oxyluminescence of polymers, *I.* J. appl. Polymer Sci. **8** (1964) S. 985—995.

[9] *Michajlov, N. V., Efremov, V. Ja.*, und *Lisicyn, A. P.*: Einfluß der Temperatur und des Sauerstoffdrucks auf die Induktionsperiode der Oxydation von Polycaproamidfaserstoffen. Vysokomol. Soed. Serija B: Kratkie Soobšč. (Hochmol. Verbind.) B **11** (1969) 8, S. 586—589; dt. in: Sowj. Beiträge Faserforsch. Textiltechnik **6** (1969) 12, S. 630—632.

[10] *Levantovskaja, I. I., Jazvikova, M. P., Dobrochotova, M. K., Konvarskaja, B. M.*, und *Vlasova, K. N.*: Plast. Massy (Plast. Massen) (1963) 3, S. 19—23.

[11] *Voigt, J.*: Die Stabilisierung der Kunststoffe gegen Licht und Wärme. Berlin/Heidelberg/New York: Springer 1966, S. 37ff.

[12] *Rieche, A.*: Peroxidchemie und der Vorgang der Peroxigenierung bei Hochpolymeren. Kunststoffe **54** (1964) 7, S. 428—435.

[13] *Lundberg, W. O.*: Autoxydation and Antioxidants. Bd. 1. New York/London: Interscience Publ. 1961, S. 28ff, 55ff.

[14] *Scott, G.*: Atmospheric Oxidation and Antioxidants. Amsterdam/London/New York: Elsevier Publ. Co. 1965, S. 66ff.

[15] *Kern, W.*, und *Willersinn, H.*: Über die Autoxydation ungesättigter Verbindungen, I. II. Makromol. Chemie **15** (1955) S. 1—14, 15—35.

[16] *Dulog, L., Radlmann, E.*, und *Kern, W.*: Über die Autoxydation des syndiotaktischen Polypropylens. Makromol. Chemie **80** (1964) S. 67—73.
Über die Autoxydation gesättigter makromolekularer Kohlenwasserstoffe. Makromol. Chemie **60** (1963) S. 1—17.

[17] *Elias, H. G.*: Makromoleküle. Basel/Heidelberg: Hüthig u. Wepf-Verlag 1972, S. 624ff.

[5]) Diese Aussage gilt natürlich nur, wenn das Sauerstoffangebot auf die gleiche Grundmolzahl bezogen wird. Auf gleiche Masseanteile Polymeres bezogen ist die von Polyamid-11 aufgenommene O_2-Menge deutlich kleiner als bei Polyamid-6.

[18] *Manjasek, Z., Berek, D., Mitcko, M., Lazar, M.,* und *Pavlinec, Ju.:* Bildung und Zerfall von Hydroperoxyden in ataktischem Polypropylen. Vysokomol. Soed. (Hochmol. Verbind.) **3** (1961) S. 1104—1109.
[19] *Thinius, K.:* Stabilisierung und Alterung von Plastwerkstoffen. Berlin: Akademie-Verlag 1969, S. 652.
[20] *Thomas, J. R.,* und *Harle, O. L.:* Substrate effects on the decomposition of alkyl hydroperoxides and their influence upon autoxidation. J. physic. Chem. **63** (1959) S. 1027—1032.
[21] *Semjonov, N. N.:* Einige Probleme der chemischen Kinetik und Reaktionsfähigkeit. Berlin: Akademie-Verlag 1961, S. 479—482.
[22] *Jaeger, W.:* Modelluntersuchungen zum Mechanismus des photochemischen Abbaus von Polyamiden. Dissertation Humboldt-Universität Berlin 1966.
Reinisch, G., Jaeger, W., und *Ulbert, K.:* Modellversuche zum Chemismus der Photolyse und Photooxydation von Polycaprolactam. J. Polymer Sci., C **16** (1969) S. 4453—4463; Vorträge: IUPAC-Symposium Prag 1965 (P 569), Textilforschungsanstalt Krefeld 1965.
[23] *Valk, G., Krüssmann, H.,* und *Diehl, P.:* Über den Licht- und Hitzeabbau faseraufbauender Hochpolymerer. I. Makromol. Chemie **107** (1967) S. 158—169.
[24] *Valk, G., Heidemann, G., Dugal, S.,* und *Krüssmann, H.:* Konformationsabhängigkeit der Reaktivität N-vicinaler Methylengruppen in Polyamiden. Angew. makromol. Chemie Basel **10** (1970) S. 135—142.

Eingegangen am 29. April 1974

Thermogravimetrische Untersuchung des thermischen und thermooxydativen Abbaus von Polyäthylenterephthalat

Eckehart Schaaf und Heinz Zimmermann

Akademie der Wissenschaften der DDR, Institut für Polymerenchemie in Teltow-Seehof

DK 678.674'524'420:542.929.4:536.495:543.227:541.127.1

Der Masseverlust von Polyäthylenterephthalat durch thermischen und thermooxydativen Abbau im Temperaturbereich von 200 bis 360 °C wurde in Abhängigkeit von Katalysatoren und dem Diäthylenglykol unter isothermen Bedingungen thermogravimetrisch verfolgt und nach einem Geschwindigkeitsgesetz erster Ordnung kinetisch ausgewertet. Die aus dem Masseverlust berechneten Aktivierungsenergien und Aktivierungsentropien des thermischen Abbaus von Polyäthylenterephthalat entsprechen den Werten für die Pyrolyse einfacher Carbonsäureester.

Термогравиметрическое исследование термической и термоокислительной деструкции полиэтилентерефталата

Методом термогравиметрии в изотермических условиях изучалась кинетика потери веса полиэтилентерефталата в результате термической и термоокислительной деструкции в области температур от 200 до 360 °C в зависимости от типа катализатора и содержания диэтиленгликоля. Вычисленные из потерь веса величины энергии и энтропии активации термической деструкции полиэтилентерефталата соответствуют величинам, находимым при пиролизе низкомолекулярных эфиров карбоновых кислот.

Thermogravimetric Investigation on the Thermal and Thermooxydative Degradation of Polyethylene Terephthalate

The weight loss of polyethylene terephthalate caused by thermal and thermooxydative degradation under isothermal conditions in the range of 200 to 300 °C, depending on the kind of catalyst and content of diethylene glycol, has been investigated by thermogravimetry and evaluated by a kinetic first order rate equation. The activation energy and entropy of thermal degradation calculated from the weight loss agree with corresponding values obtained by pyrolysis of low molecular carbonic esters.

1. Einleitung

Die Thermogravimetrie gestattet die Untersuchung von Reaktionen, die mit einer Masseänderung der Probesubstanz durch Abgabe oder Aufnahme gasförmiger bzw. flüchtiger Reaktionspartner verbunden sind. In der Polymerenchemie wird die Thermogravimetrie bevorzugt zum Studium von thermischen und thermooxydativen Abbauprozessen herangezogen [1], die folgenden grundlegenden Reaktionstypen entsprechen:

1. $A_{\text{fest od. flüssig}} \rightarrow B_{\text{fest od. flüssig}} + C_{\text{gasf.}}$

2. $A_{\text{fest od. flüssig}} + D_{\text{gasf.}}$
$\rightarrow B_{\text{fest od. flüssig}} \rightarrow E_{\text{fest od. flüssig}} + C_{\text{gasf.}}$

Die Aufnahme von Sauerstoff (Typ 2) kann zu einer registrierbaren Masseerhöhung der Polymerprobe führen, in den meisten Fällen wirkt der Sauerstoff jedoch als Initiator einer Zersetzungsreaktion, bei der niedermolekulare Bruchstücke abgespalten werden, die in der Summe einen Masseverlust bewirken.

Einige Polymere, wie z. B. Polyoxymethylen, zerfallen bei thermischer Belastung nach einem Reißverschlußmechanismus unter Rückbildung der meist leichtflüchtigen Monomeren, deren Abspaltung thermogravimetrisch gut verfolgt werden kann [2].

Bei anderen Polymeren geht die Spaltung nicht vom Ende der Ketten aus, sondern erfolgt mit statistischer Wahrscheinlichkeit über die gesamte Kettenlänge verteilt, wobei bestimmte Kettenglieder bevorzugte Angriffsstellen bilden. Dabei entstehen zunächst nur dann flüchtige Produkte, wenn die Spaltung zufällig in der Nähe des Kettenendes erfolgt und Bruchstücke mit einer oder nur wenigen Monomereinheiten freigesetzt werden.

Beim Polyäthylenterephthalat (PÄT) entstehen durch diese Art der Spaltung relativ schwerflüchtige Substanzen wie Terephthalsäure, Terephthalsäuremonoglykolester, sowie das Dimere des Terephthalsäureglykolesters mit einer oder zwei freien Carboxylgruppen, die sich bei der Thermoanalyse an den kälteren Teilen des Ofens als weißes Sublimat niederschlagen und die auch Bestandteil des sogenannten Spinnrauches beim Schmelzspinnen des PÄT sind.

Durch Folgereaktionen können sich — ausgehend von der Bruchstelle — andere meist leichter flüchtige Spaltprodukte bilden, die in dieser Form in der Polymerkette nicht vorhanden waren. Die gasförmigen Spaltprodukte des Polyäthylenterephthalats [3] bestehen bei einer Reaktionstemperatur von 283 bis 306°C z. B. aus etwa

80 % Acetaldehyd
8,7% CO_2
8,0% CO
2 % C_2H_4
0,8% H_2O sowie je
0,4% 2-Methyldioxolan, Methan und Benzol.

Die Thermogravimetrie wurde bereits von verschiedenen Autoren zur Untersuchung von Abbauerscheinungen an Polyäthylenterephthalat herangezogen, wobei zunächst der Beginn der Zersetzung als wichtige Kennziffer der Beständigkeit des PÄT bestimmt wurde.

Der Zersetzungsbeginn hängt in starkem Maße von den äußeren Versuchsbedingungen sowie von der Empfindlichkeit der verwendeten Waage ab, so daß die Angaben über die Temperatur des Zersetzungsbeginns von PÄT — ebenso wie von anderen Polymeren — mit zunehmender Präzision der verfügbaren Geräte zu niedrigeren Werten streben. *Wiesener* [4] bestimmte den Masseverlust von PÄT-Proben beim isothermen Erhitzen auf Temperaturen von 360 bis 430°C in Luft- und Stickstoffatmosphäre und berechnete aus der Temperaturabhängigkeit der Geschwindigkeitskonstanten des Masseverlustes für die Aktivierungsenergien des Abbaus unter Stickstoff $E_A = 48{,}0$ kcal/mol und unter Luft $E_A = 42{,}4$ kcal/mol. *Halip* u. Mitarb. [5] beschreiben in einer kürzlich erschienenen Arbeit Verfahren zur Auswertung von TG-Kurven des thermischen und thermooxydativen Abbaus von PÄT unter dynamischen Aufheizbedingungen und berechneten für den Temperaturbereich von 360 bis 600°C Aktivierungsenergien von 46 bis 73 kcal/mol beim Abbau unter Luft und 61 bis 73 kcal/mol beim Abbau unter Stickstoff.

Der Temperaturbereich über 360°C liegt bereits so weit über den im Herstellungs- und Verarbeitungsprozeß zu erwartenden Belastungen, daß Rückschlüsse auf das Abbauverhalten unter praxisnahen Bedingungen nur schwerlich zu ziehen sind. Man kann außerdem nicht unbedingt erwarten, daß die bei diesen Temperaturen ablaufenden und verfolgten Reaktionen auch bei niedrigeren Temperaturen für das Abbaugeschehen verantwortlich sind.

Wir konnten bereits früher zeigen, daß der thermooxydative Abbau von PÄT durch die Art und Menge der anwesenden Katalysatoren und Inhibitoren sowie durch verschiedene Modifizierungskomponenten beeinflußt wird, wobei wir den Beginn und die Fläche des mit der Oxydation des PÄT verbundenen exothermen DTA-Peaks vor dem Schmelzen der Probe als Bewertungsmaßstab heranzogen [6, 7]. Parallel zu den unterschiedlich starken DTA-Effekten wiesen die untersuchten Proben einen Masseverlust in der Größenordnung von 0,1 bis 1% auf.

Ziel der vorliegenden Arbeit war, die Kinetik des Abbauprozesses in Abhängigkeit verschiedener Einflußgrößen anhand dieses Masseverlustes zu untersuchen. Dazu wurde der thermische und thermooxydative Abbau des PÄT unter isothermen Bedingungen im Temperaturbereich von 200 bis 360°C thermogravimetrisch verfolgt. Wir haben dabei z. T. das gleiche unter bestimmten Gesichtspunkten ausgewählte Probenmaterial verwendet wie in unserer früheren Arbeit [7].

2. *Versuchsdurchführung*

Die für die Untersuchungen herangezogenen Polyesterproben und deren charakteristische Parameter sind in Tabelle 1 zusammengestellt. Bezüglich ihrer Herstellung

Tabelle 1. Charakteristische Parameter der PÄT-Proben

T_{OxB} *Temperatur des Beginns des exothermen DTA-Effektes beim dynamischen Aufheizen* (4 grd/min) *unter Luft*
F_{Pi} *Beginn des Schmelzens*
F_P *Maximum des Schmelzpeaks*

PÄT	Katalysatoren und Zusatzstoffe	DÄG [7] %	T_{OxB}[7] °C	Fp_i °C	Fp °C
A 719	Sb	0,5	246	224	251
A 716	Ge	1,0	217	221	251
A 100	Zn	1,2	202	226	255
T 2	Sb (Dipa)	1,3	235	229	250
T 1	Sb	2,2	224	228	250
K 376	Mn/Sb/TPPat	1,2	236	210	247
K 372	Mn/Sb/TPPat	4,3	213	210	236
K 326	Mn/Ge/TPPat	3,0	200	222	243
K 322	Mn/Ge/TPPat	5,6	191	208	233
K 471	Mn/Sb/TPPat	2,5	226	222	245

TPPat: Triphenylphosphat

können sie in drei Gruppen unterteilt werden. Gruppe 1 (A) wurde in einem Laborautoklaven aus Terephthalsäuredimethylester (TDME) und Äthylenglykol hergestellt, wobei bei den Proben A 719 und A 716 als Katalysator für die primäre Umesterung Tributylamin eingesetzt wurde, das während der Vor- und Polykondensation vollständig abdestilliert, so daß diese Proben außer den Polykondensationskatalysatoren Antimontrioxid bzw. Kaliumgermanat keine weiteren Metallkatalysatoren enthalten.

Die Gruppe 2 (T) wurde aus Terephthalsäure und Äthylenglykol hergestellt. Die Veresterung der Probe T 2 erfolgte in Gegenwart eines Inhibitors für die Diäthylenglykolbildung (Diisopropylamin). Mit Ausnahme der Probe T 1 sind alle Proben unmattiert.

Gruppe 3 (K) wurde in einer gläsernen Laborapparatur aus diglykolhaltigem Vorkondensat, das aus TDME, Äthylenglykol und Diäthylenglykol hergestellt wurde, gewonnen.

Der Diäthylenglykolgehalt der Proben wurde nach einer Hydrazinolyse gaschromatographisch [7] bestimmt.

Der Schmelzpunkt (F_p) und der Beginn des Schmelzens (F_{pi}) wurden durch DTA-Aufnahmen unter Stickstoff bei einer Aufheizgeschwindigkeit von 4 grd/min bestimmt [7].

Für die thermogravimetrischen Untersuchungen wurden die Proben nach Kühlung mit flüssigem Stickstoff gemahlen, gesiebt und getrocknet. Für die Messungen wurde die Korngrößenfraktion von 0,12 bis 0,25 mm eingesetzt. Die Untersuchungen wurden mit einem Thermoanalyzer der Firma Mettler durchgeführt, wobei folgende Versuchsparameter eingestellt wurden:

Substanzeinwaage:	40 ± 0,5 mg
Tiegelmaterial:	Platin
Tiegelträger:	TG-Tiegelträger
Thermoelement f. Temperaturmessung:	Pt/Pt—Rh
Atmosphäre:	Luft bzw. Stickstoff
Strömungsgeschwindigkeit:	7 l/h
Aufheizgeschwindigkeit bis zum Erreichen der Isotherme:	4 grd/min bzw. 10 grd/min
Temperatur der kalten Lötstelle:	25°C
Papiervorschub:	6 in/h
Empfindlichkeitsbereich der Waage (volle Schreiberbreite):	10 mg
gespreizte Kurve:	1 mg

3. *Versuchsergebnisse und Diskussion*

3.1. *Thermooxydativer Abbau in fester Phase*

Der Masseverlust, den man beim thermooxydativen Abbau von gemahlenem PÄT-Granulat bei dynamischer Temperaturführung vor dem Erreichen der Schmelztemperatur des PÄT beobachtet, setzt — ebenso wie der mit der Oxydation verbundene exotherme DTA-Effekt — in Abhängigkeit von der Spezifik der untersuchten Probe bei Temperaturen zwischen 190 und 250 °C ein. Führt man den Abbau nach Erreichen einer bestimmten Temperatur unter isothermen Bedingungen weiter, kann man den zeitlichen Verlauf der Masseabnahme verfolgen. In Bild 1 sind die dabei erhaltenen TG-Kurven eines Polyestergranulates bei Temperaturen von 200, 220 und 240 °C dargestellt. Die Aufheizgeschwindigkeit bis zum Erreichen der Isothermen temperatur betrug 4 grd/min. Trägt man den Logarithmus der Probenmasse zur Zeit t

$$G_t = G_0 - \Delta G_t \tag{1}$$

gegen die Zeit auf, so erhält man Geraden (Bild 2), aus deren Anstieg

$$\tan \varphi = \frac{\lg G_{t_1} - \lg G_{t_2}}{t_2 - t_1} \tag{2}$$

man unter Zugrundelegung eines Geschwindigkeitsgesetzes 1. Ordnung

$$k \cdot t = -2{,}303 \lg \frac{G_t}{G_0} \tag{3}$$

die Geschwindigkeitskonstante der Masseänderung berechnen kann

$$k = -2{,}303 \cdot \tan \varphi . \tag{4}$$

Wie Bild 2 zeigt, wird das Geschwindigkeitsgesetz 1. Ordnung in dem hier betrachteten Umsatzbereich bis zu einem Masseverlust von 1,75% gut befolgt.

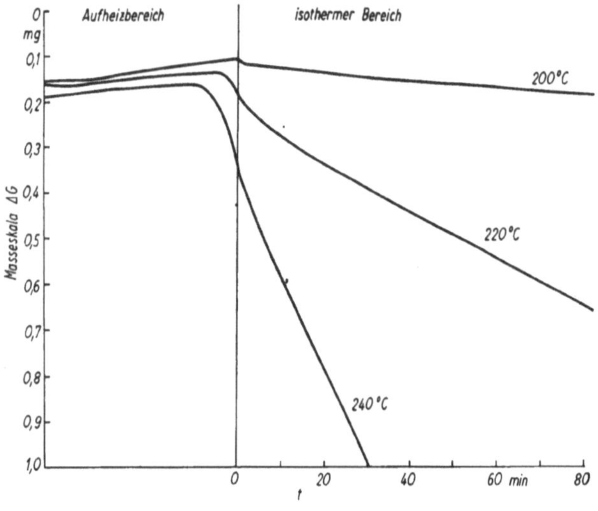

Bild 1. Thermogravimetrische Kurven beim isothermen Erhitzen von Polyäthylenterephthalat unter Luft in fester Phase bei 200, 220 und 240 °C
Ausgangsmasse: 40,0 mg; Probe: A 100
Aufheizgeschwindigkeit bis zum Erreichen der Isotherme: 4 grd/min
Empfindlichkeit: 1 mg/Schreiberbreite

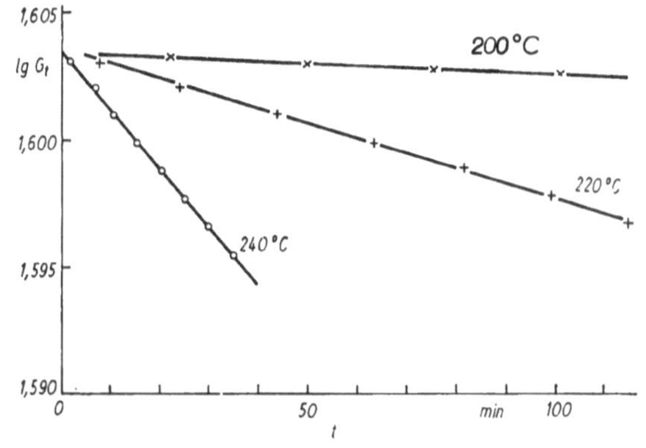

Bild 2. Logarithmus der Probenmasse G_t in Abhängigkeit von der Zeit des isothermen Erhitzens unter Luft bei 200, 220 und 240 °C in fester Phase, Probe A 100

Der geringfügige Masseverlust, den man während des Aufheizens vor Erreichen der Isothermentemperatur beobachtet, beeinflußt die Genauigkeit der Berechnung der Geschwindigkeitskonstanten nicht, da die Ausgangsmasse der Probe G_0 ebenso wie die Zeit des Reaktionsbeginns t_0 nicht in die Berechnung der Geschwindigkeitskonstanten eingehen (Gleichung 2 und 4).

In Tabelle 2 sind die aus dem Masseverlust der PÄT-Proben beim isothermen Erhitzen unter Luft in fester Phase berechneten Geschwindigkeitskonstanten zusammengestellt.

Ein meßbarer Masseverlust ist bei Temperaturen oberhalb 180 bis 200 °C zu beobachten. Wenn man die Zahlenwerte der Geschwindigkeitskonstanten des Masseverlustes mit den Temperaturen des Beginns des unter dynamischen Bedingungen erhaltenen exothermen DTA-Effektes in Tabelle 1 vergleicht, so ergeben sich bezüglich der Stabilität im wesentlichen die gleichen Abstufungen.

Mit Annäherung an den Schmelzpunkt wird der thermooxydative Abbau durch das Erweichen der Proben (vgl. Tabelle 1, Fp_i) und die damit verbundene Verringerung der Oberfläche zurückgedrängt. Das wirkt sich besonders bei den Proben mit hohem Diäthylenglykolgehalt aus, die bereits bei Temperaturen um 210 °C zu erweichen beginnen und bei 240 °C weitgehend zusammengesintert sind. Bei diesen Proben sind die Geschwindigkeitskonstanten bei 240 °C sogar

Tabelle 2. Geschwindigkeitskonstanten des Masseverlustes beim thermooxydativen Abbau von PÄT in fester Phase unter Luft

PÄT	$k \cdot 10^6$ s^{-1}			
	180 °C	200 °C	220 °C	240 °C
A 719	×[1])	×	0,07	7,01
A 716	×	0,022	1,49	10,49
A 100	×	0,17	2,27	8,91
T 2	×	×	0,16	5,60
T 1	×	×	1,92	6,91
K 376	×	×	1,31	3,26
K 326	×	0,60	1,07	1,88
K 372	×	1,45	3,36	1,50
K 322	0,58	2,46	8,83	2,56

[1]) $x = k < 0{,}02\ 10^{-6}$ s^{-1}

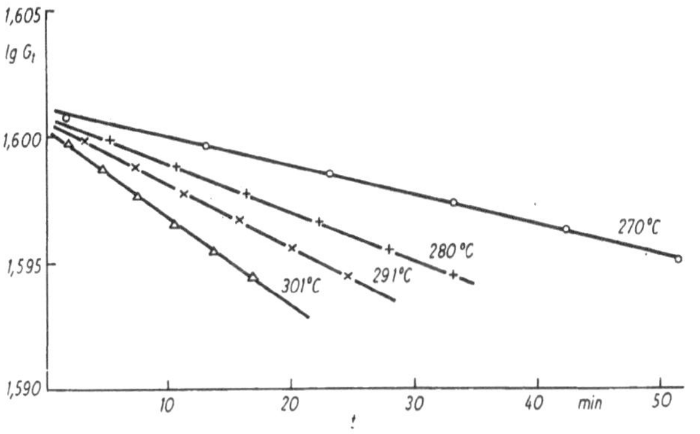

Bild 3. Logarithmus der Probenmasse G_t in Abhängigkeit von der Zeit des isothermen Erhitzens unter Luft bei 270 bis 300 °C in der Schmelze, Probe T 2

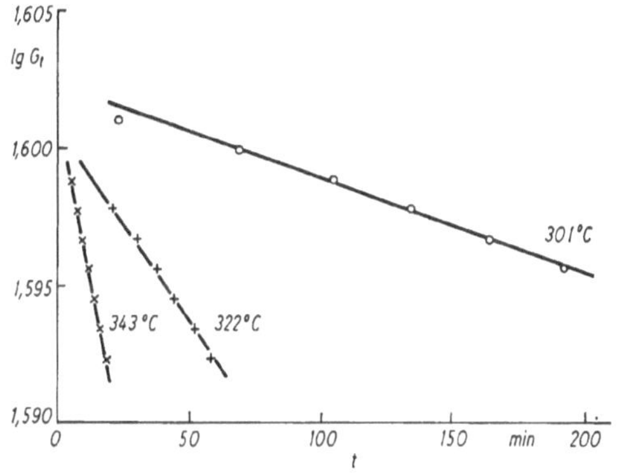

Bild 4. Logarithmus der Probenmasse G_t in Abhängigkeit von der Zeit des isothermen Erhitzens unter Stickstoff bei 300 bis 340 °C, Probe A 719

kleiner als bei den stabileren Proben mit höheren Schmelzpunkten.

Die Temperaturabhängigkeit einer Reaktionsgeschwindigkeitskonstante wird durch die *Arrhenius*-Gleichung wiedergegeben:

$$k = A \cdot e^{-E_A/RT} \quad \text{bzw.} \quad \lg k = \lg A - \frac{E_A}{2{,}303\ \mathrm{RT}} \tag{5}$$

A präexponentieller Faktor
R allgemeine Gaskonstante
E_A Aktivierungsenergie
T Temperatur in °K

Trägt man den Logarithmus der Geschwindigkeitskonstanten gegen $1/T$ auf, kann man aus dem Anstieg der Geraden die Aktivierungsenergie der Reaktion berechnen

$$E_A = 2{,}303\, R \cdot \tan \varphi. \tag{6}$$

Die aus den Logarithmen der in Tabelle 2 zusammengestellten Geschwindigkeitskonstanten berechneten Aktivierungsenergien betragen 20 bis 70 kcal/mol. Diese formal berechneten Aktivierungsenergien haben jedoch keine Bedeutung für die kinetische Beschreibung des Abbauprozesses, da die chemische Reaktion durch Störungen infolge des partiellen Schmelzens der Granulatkörner und durch Transportvorgänge an der Phasengrenze fest/gasförmig überlagert ist.

3.2. *Abbau in der Schmelze*

Die probenspezifischen Unterschiede, die beim Abbau in fester Phase durch das unterschiedliche Schmelzverhalten der Proben zutage treten, werden bei der Untersuchung des Abbaus in der Schmelze eliminiert. Wir haben daher auch den Masseverlust von PÄT-Proben beim isothermen Erhitzen auf Temperaturen oberhalb des Schmelzpunktes unter Luft und unter Stickstoff untersucht. Beim Erhitzen unter Luft wurden die Proben bis zum Erreichen der Isotherme mit einer Geschwindigkeit von 10 grd/min aufgeheizt. Der Masseverlust in der Schmelze konnte ebenfalls nach einem Geschwindigkeitsgesetz erster Ordnung ausgewertet werden (Bild 3 und 4).

In Tabelle 3 sind die Geschwindigkeitskonstanten der Masseverlustes beim isothermen Erhitzen unter

Tabelle 3. Geschwindigkeitskonstanten und Aktivierungsparameter des Masseverlustes beim thermooxydativen Abbau von PÄT unter Luft in der Schmelze

PÄT	$k \cdot 10^6\ s^{-1}$				E_A kcal/mol	lg A	ΔS cal/grd mol
	270 °C	280 °C	291 °C	301 °C			
A 719	5,57	7,92	11,58	14,68	20,6	3,026	−47,9
A 717	6,40	9,60	13,24	17,66	20,6	3,10	−47,6
A 100	8,34	10,36	15,45	21,69	20,6	3,17	−47,3
T 2	4,35	7,35	9,72	13,43	21,3	3,22	−47,0
T 1	5,75	7,00	11,51	15,16	20,6	3,03	−47,9
K 471	6,91	10,45	14,78	21,11	22,2	3,81	−44,5

Tabelle 4. Geschwindigkeitskonstanten und Aktivierungsparameter des Masseverlustes beim thermischen Abbau von PÄT unter Stickstoff

PÄT	$k \cdot 10^6\ s^{-1}$				E_A kcal/mol	lg A	ΔS cal/grd mol
	301 °C	321 °C	343 °C	363 °C			
A 719	1,34	5,37	18,45	60,67	44,4	11,06	−13,4
A 716	1,54	5,77	18,82	61,50	43,7	10,81	−14,5
A 100	1,31	5,30	19,84	55,27	43,8	10,85	− 9,4
T 2	1,23	4,57	16,89	62,95	45,0	11,23	−10,5

Luft auf Temperaturen von 270 bis 300 °C zusammengestellt. Die probenbedingte Abstufung der Geschwindigkeit des Abbaus ist die gleiche wie bei den Untersuchungen in fester Phase, die Unterschiede sind jedoch weniger ausgeprägt.

Unter Inertgasatmosphäre setzt der Masseverlust erst bei 300 °C mit meßbarer Geschwindigkeit ein. Die Geschwindigkeitskonstanten für denTemperaturbereich von 300 bis 360 °C gibt Tabelle 4 wieder. Die Unterschiede in der Geschwindigkeit des Masseverlustes zwischen den Proben sind geringfügig und liegen in der Größenordnung der Fehlergrenze. Bei 300 °C beträgt die Abbaugeschwindigkeit unter Inertbedingungen weniger als 1/10 gegenüber der unter Luft.

Wie die Darstellung der Logarithmen der Geschwindigkeitskonstanten des Masseverlustes unter Luft bzw. Stickstoff im *Arrhenius*-Diagramm zeigt (Bild 5), weisen der thermische und der thermooxydative Abbau recht unterschiedliche Temperaturabhängigkeiten auf. Die Aktivierungsenergien der Proben (Tabelle 3 und 4) unterscheiden sich untereinander dagegen nur geringfügig. Die Temperaturabhängigkeit des Masseverlustes in der Schmelze wird also durch die Art der eingesetzten Katalysatoren und durch die Anwesenheit von Modifizierungskomponenten wie Diäthylenglykol weder beim thermischen noch beim thermooxydativen Abbau signifikant beeinflußt. Die Aktivierungsenergie des Masseverlustes ist beim Abbau unter Stickstoff etwa doppelt so hoch wie in Luft. Extrapoliert man im *Arrhenius*-Diagramm die Geraden für die Abbaugeschwindigkeit unter Luft nach höheren Temperaturen, so schneiden sie bei etwa 380 °C die Gerade des Abbaus unter Stickstoff, d. h. bei dieser Temperatur sollte die Geschwindigkeit des thermogravimetrisch bestimmbaren Abbaus durch die Anwesenheit des Luftsauerstoffs nicht mehr beschleunigt werden. Dadurch erklärt sich auch, daß *Wiesener* [4] und *Halip* [5] in ihren Arbeiten bei Temperaturen über 360 °C so geringe Unterschiede zwischen den Aktivierungsenergien des thermischen und thermooxydativen Abbaus gefunden haben.

Durch Einsetzen der berechneten Werte für k und E_A in die *Arrhenius*-Gleichung (5) kann man den präexponentiellen Faktor A bzw. dessen Logarithmus berechnen, der über folgende Beziehung mit der Aktivierungsentropie ΔS zusammenhängt:

$$A = \frac{ekT}{h} e^{\Delta S/R}, \tag{7}$$

k — *Boltzmann*-Konstante,
h — *Planck*sches Wirkungsquantum.

Setzt man für A in Gleichung (5) den Ausdruck (7) ein, erhält man die *Arrhenius*-Gleichung die Form

$$k = \frac{ekT}{h} e^{\Delta S/R} e^{-E_A/RT}, \tag{8}$$

die durch Einsetzen von

$$E_A = RT + \Delta H \tag{9}$$

in die aus der Theorie des aktivierten Komplexes abgeleitete *Eyring*-Gleichung überführt werden kann:

$$k = \frac{kT}{h} e^{\Delta S/R} e^{-\Delta H/RT}. \tag{10}$$

Durch Logarithmieren und Umformen der Gleichung (8) erhält man

$$\frac{\Delta S}{2{,}303R} = \lg \frac{k}{T} - \lg \frac{e \cdot k}{h} + \frac{E_A}{2{,}303RT} \tag{11}$$

und nach Einsetzen der Konstanten:

$$\Delta S = 4{,}574 \lg \frac{k}{T} - 49{,}20 + \frac{E_A}{T} [\text{cal. mol}^{-1}\ \text{grd}^{-1}] \tag{12}$$

wobei für ks^{-1} und E_A cal/mol als Maßeinheit gewählt werden müssen.

Die Aktivierungsentropie einer chemischen Reaktion wird durch die Änderung der Zahl und Art der Bewegungsfreiheitsgrade beim Übergang in den aktivierten Komplex bestimmt. Aus der Größe der Aktivierungsentropie lassen sich deshalb Rückschlüsse auf die sterische Hinderung und die Einschränkung der Freiheitsgrade im aktivierten Komplex ziehen.

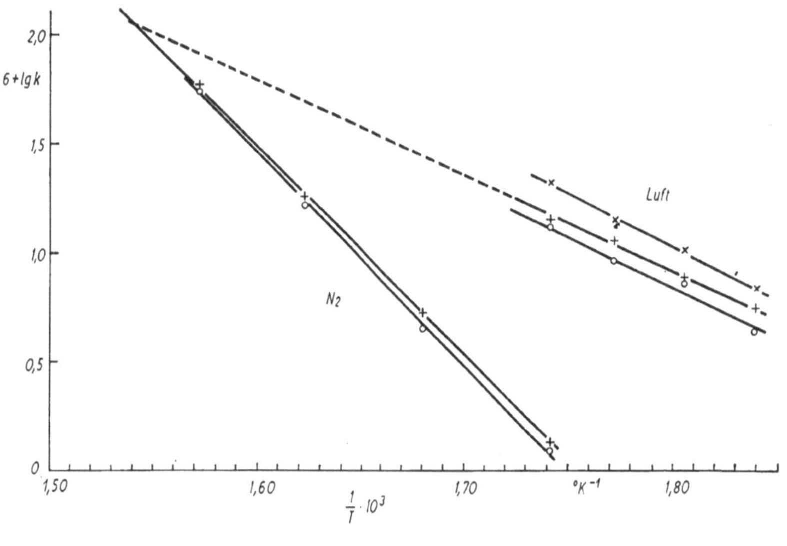

Bild 5. Arrhenius-Diagramm des Masseverlustes von PÄT beim isothermen Erhitzen unter Luft und unter Stickstoff

+ A 719
∘ T 2
× K 471

Tabelle 5. Geschwindigkeitskonstanten und Aktivierungsparameter der Carboxylgruppenzunahme beim thermischen Abbau von PÄT [8]

PÄT	k · 10^6 s^{-1} 280 °C	290 °C	300 °C	E_A kcal/mol	ΔS cal/grd mol
A	0,28	0,56	1,11	46,0	− 4,0
B	0,29	0,57	1,14	46,0	− 8,6
C	0,40	0,77	1,44	42,7	−19,1
P 70	0,35	0,69	1,40	45,1	− 9,8

Beim Übergang nichtcyclischer Produkte in einen cyclischen Übergangszustand wird die freie Drehbarkeit um mehrere Einfachbindungen behindert, so daß die Zahl der Freiheitsgrade im aktivierten Komplex geringer ist als im Ausgangszustand. Für die als monomolekulare Eliminierungsreaktion verlaufende Pyrolyse von Carbonsäureestern nimmt man einen derartigen cyclischen Übergangszustand an

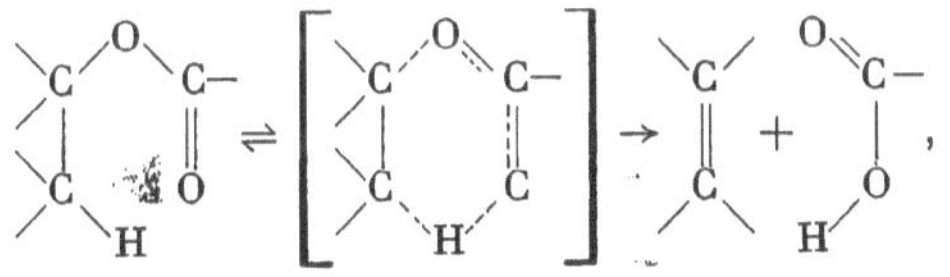

der in irreversibler Reaktion zu einer Vinylverbindung und einer Carbonsäure zerfällt. Beim thermischen Abbau von Polyäthylenterephthalat wird — wie bei der Pyrolyse niedermolekularer Carbonsäureester — ein cyclischer Übergangszustand diskutiert [8], der zur Bildung einer Vinylestergruppe und einer freien Carboxylgruppe führt. Durch Folgereaktionen des Vinylesters wird Acetaldehyd freigesetzt, der als Hauptprodukt der thermischen Zersetzung entweicht. Die Carboxylgruppen verbleiben im Reaktionsmedium und können titrimetrisch erfaßt werden. In Tabelle 5 sind die aus einer unserer vorangegangenen Publikationen [8] entnommenen Geschwindigkeitskonstanten der Carboxylgruppenzunahme von verschiedenen Polyesterproben beim thermischen Abbau in der Schmelze im Temperaturbereich von 280 bis 300 °C und die daraus berechneten Aktivierungsparameter wiedergegeben, wobei die Geschwindigkeitskonstanten zur besseren Vergleichbarkeit mit den in den vorliegenden Arbeiten berechneten Werten in s^{-1} umgerechnet wurden. Die aus der Zunahme der Carboxylgruppenkonzentration bei 300 °C berechneten Geschwindigkeitskonstanten sowie die Aktivierungsenergie und die Aktivierungsentropie stimmen sehr gut mit den aus dem Masseverlust berechneten Werten überein (vgl. Tabelle 4). Die Tatsache, daß die Aktivierungsparameter der Pyrolyse einfacher Carbonsäureester, von denen einige Beispiele in Tabelle 6 zusammengestellt sind, ebenfalls die gleiche Größe haben, spricht dafür, daß die thermische Spaltung der Esterbindungen der geschwindigkeitsbestimmende Schritt für die Geschwindigkeit des durch Folgereaktionen verursachten Masseverlustes beim thermischen Abbau von PÄT in der Schmelze ist.

Der Reaktionsablauf des *thermooxydativen* Abbaus wird durch die zusätzliche Beteiligung des Sauerstoffs und die Diffusion des Sauerstoffs aus der Gasphase in die Schmelze kompliziert. Die Oxydation des PÄT erfolgt in Analogie zum oxydativen Abbau der Kohlenwasserstoffe wahrscheinlich nach einem Radikalkettenmechanismus unter Bildung von Peroxydradikalen und Hydroperoxiden, die auf unterschiedlichen Wegen zerfallen [10]. Bei der Oxydation von flüssigen Kohlenwasserstoffen ist die Aktivierungsenergie stark vom Umsatz abhängig und weist Werte von 12 bis 30 kcal/mol auf [11]. Die aus dem Masseverlust des PÄT beim Abbau in der Schmelze unter Luft berechneten Aktivierungsenergien liegen auch in diesem Bereich. Der im Vergleich zum thermischen Abbau hohe negative Wert der Aktivierungsentropie könnte auf einen Übergangszustand mit höheren sterischen Anforderungen im geschwindigkeitsbestimmenden Reaktionsschritt hindeuten.

4. *Schlußbemerkungen*

Die vorliegenden Untersuchungen über den Abbau von Polyäthylenterephthalat haben gezeigt, daß man die Kinetik auch solcher Abbaureaktionen von Polymeren und deren Beeinflussung durch Temperatur, Atmosphäre und Zusatzstoffe thermogravimetrisch erfassen kann, bei denen der Masseverlust erst durch Folgereaktionen eintritt. Wir haben uns dabei bewußt auf die Anfangsphase des Abbaus bis zu vergleichsweise kleinen Masseverlusten von $< 1{,}75\%$ beschränkt, da bei Umsätzen von 50% und mehr, wie sie an sich für die Bestimmung der Kinetik chemischer Reaktionen gefordert werden, die ursprüngliche Polymerstruktur bereits weitgehend zerstört ist und Folgereaktionen von Abbauprodukten an Bedeutung gewinnen, die die Geschwindigkeit des Gesamtprozesses in unübersichtlicher Weise beeinflussen.

Die den Abbau beschleunigende Wirkung verschiedener Katalysatoren, die unter den Herstellungs- und

Tabelle 6. Geschwindigkeitskonstanten und Aktivierungsparameter der Pyrolyse aliphatischer Carbonsäureester [9].

Reaktion	Medium	E_A kcal/mol	lg A	ΔS cal/grd mol
$HCOOC_2H_5 \rightarrow CH_2 = CH_2 + HCOOH$	Gas	44,1	11,33	−11
$CH_3COOC_2H_5 \rightarrow CH_2 = CH_2 + CH_3COOH$	Gas	47,8	12,49	− 5
$CH_3COOC_{27}H_{45}(A) \rightarrow C_{27}H_{44}(B) + CH_3COOH$	Flüss.	44,1	12,71	− 4

A Cholesterylacetat
B Cholestadien

Verarbeitungsbedingungen von besonderer Bedeutung ist, wird bei höheren Temperaturen offensichtlich zunehmend durch die unkatalysierte — oberhalb 350 °C sehr rasch verlaufende — Esterpyrolyse überlagert.

Literatur

[1] *Zimmermann, H.*, und *Baudisch, J.:* Die Anwendung thermoanalytischer Methoden zur Charakterisierung faserbildender organischer Hochpolymeren. I. Thermogravimetrie und derivative Thermogravimetrie. J. thermal Analyt. **1** (1969) 1, S. 107—119.
[2] *Baudisch, J.*, und *Zimmermann, H.:* Zur Untersuchung der thermischen Stabilität von Formaldehydhomo- und Formaldehydkopolymerisaten mit Hilfe des Derivatographen. Plaste u. Kautschuk **15** (1968) 8, S. 549—554 und dort zitierte Literatur.
[3] *Goodings, E. P.:* Thermal degradation of polyethylene therephthalate. Soc. chem. Ind., London, Monograph No. 13 (1961) S. 211—228.
[4] *Wiesener, E.:* Thermogravimetrische Untersuchungen zum thermischen Abbau von Polyäthylenterephthalat. Faserforsch. u. Textiltechnik **21** (1970) 2, S. 61—66.
[5] *Halip, V.*, *Stan, V.*, *Biro, A.*, und *Radovici, R.:* Wirksamkeitsbewertung verschiedener Stabilisatoren auf das Polyäthylenterephthalat durch thermogravimetrische Verfahren. Materiale plastice **10** (1973) 11, S. 601—603.
[6] *Zimmermann, H.*, *Schaaf, E.*, und *Seganova, A.:* Untersuchungen zum thermooxydativen Abbau von Polyäthylenterephthalat. Faserforsch. u. Textiltechnik **22** (1971) S. 255—259.
[7] *Zimmermann, H.*, und *Becker, D.:* Über den Einfluß von Diäthylenglykol und anderen Cokomponenten auf das thermooxydative Verhalten von Polyäthylenterephthalat. Faserforsch. u. Textiltechnik **24** (1973) 12, S. 479—483.
[8] *Zimmermann, H.*, und *Chu, D.:* Untersuchungen zur Kinetik des metallionenkatalysierten thermischen Abbaus von Polyäthylenterephthalat. Faserforsch. u. Textiltechnik **24** (1973) 11, S. 445—452.
[9] *Schwetlick, K.:* Kinetische Methoden zur Untersuchung von Reaktionsmechanismen. Berlin: Deutscher Verlag der Wissenschaften. 1971, S. 112.
[10] *Kovarskaja, B. M.*, *Levantovskaja, I. I.*, *Bljumenfel'd, A. B.*, und *Draljuk, G. V.:* Thermooxydativer Abbau von Polyäthylenterephthalat. Plast. Massy, Moskva (Plast. Massen) (1968) 5, S. 42—46.
[11] *Reichenbach, D.*, und *Scheele, W.:* Über den Abbau hochelastischer Polymerisate. Zur Frage der Aktivierungsenergie bei der Oxydation von 1,5-Polyenen. Kautschuk u. Gummi, Kunststoffe **23** (1970) 4, S. 141 bis 145.

Eingegangen am 10. April 1974

Über die Feinstruktur der Polyamide

XI. Strukturelle Vorgänge in Polycaproamidschmelzen[1])

Peter Weigel, Rolf Hirte und Christian Ruscher

Akademie der Wissenschaften der DDR, Institut für Polymerenchemie in Teltow-Seehof, Abt. Polymerphysik

DK 678.675'126—402.2:539.22:53.096:536.42:539.199

Die Vorgänge in der Schmelze oberhalb 230°C werden diskutiert. In einem Temperaturbereich bis 240°C verschwindet die Nahordnung erst allmählich, so daß beim Abkühlen vorwiegend die Primärstruktur reproduziert wird. Oberhalb 240°C verlaufen in der Polycaproamidschmelze Durchmischungsprozesse, die der Segregation im Material entgegenwirken.

О тонкой структуре полиамидов

XI. Процессы структурообразования в расплавах поликапроамида

Рассматриваются процессы, протекающие в расплаве при температурах выше 230 °C. В области температур до 240 °C ближний порядок исчезает лишь медленно, так что при охлаждении преимущественно воспроизводится первичная структура. Выше 240 °C в расплаве имеют место процессы перемешивания, противодействующие сегрегации в материале.

The Fine Strukture of Polyamides

XI. Structural Changes in Polycaproamide Melts

The structural changes occuring in polyamide melts above 230°C are discussed. Up to 240°C the close range order disappears only gradually so that during cooling predominantly the primary structure is reproduced. Above 240°C proceed mixing processes which oppose the segregation in the melt.

1. Einleitung

In der Literatur findet man viele Hinweise, daß auch oberhalb des Schmelzbereiches eine gewisse Ordnung in der Schmelze nur allmählich abgebaut wird. Diese „Gedächtniseffekte" haben vor allem Einfluß auf die Sphärolithbildung beim Abkühlen aus der Schmelze. So konnte z. B. *Kovacs* [1] am Polyäthylen zeigen, daß sich im Gebiet eines vor dem Aufschmelzen vorhandenen Sphärolithen viele neue Sphärolithe bilden, das vorher sphärolithfreie Material jedoch sphärolithfrei bleibt.

Für eine Ordnung in der Schmelze sprechen auch die von *Schoon* u. Mitarb. [2, 3] sowie von *Yeh* und *Geil* [4] durchgeführten elektronenmikroskopischen Untersuchungen an aus der Schmelze abgeschreckten Polymeren. Sie fanden im amorphen Material eine Knötchenstruktur mit einem Knötchendurchmesser von ca. 100 Å. Nach *Yeh* und *Lambert* [5] bilden sich aus diesen Knötchen beim Kristallisieren durch Aneinanderlagerung Sphärolithe. Der experimentell gefundene Korndurchmesser stimmt mit dem von *Pechold* und *Blasenbrey* [6] berechneten Wert für ihr Mäandermodell der Schmelze überein.

Die direkte experimentelle Untersuchung der Struktur der Schmelze ist nicht ohne weiteres möglich. Eine Möglichkeit der Untersuchung der Vorgänge in der Schmelze

[1]) Auszug aus der Dissertation von *Peter Weigel*, Berlin 1974. Teil X s. [8].

besteht in der Ausnutzung der schon erwähnten „Gedächtniseffekte".

Im folgenden soll über einige spezielle Untersuchungen berichtet werden, die zur Aufklärung der in PA-6-Schmelzen ablaufenden Vorgänge dienen sollen. Die experimentellen Untersuchungen ergaben, daß in zwei Temperaturbereichen unterschiedliche Vorgänge ablaufen.

Im Bereich zwischen der Schmelztemperatur und etwa 240°C wird allmählich das „Kristallgedächtnis" (α-γ-Gedächtnis) abgebaut.

Oberhalb 240°C verlaufen Vorgänge, die vor allem Einfluß auf die spätere Sphärolithbildung haben.

2. *Experimentelles*

Die thermoanalytischen Untersuchungen wurden im Differential-Scanning-Calorimeter DSC-1B der Fa. Perkin-Elmer durchgeführt. Alle Messungen erfolgten unter Stickstoffatmosphäre.

Die Röntgenweitwinkelaufnahmen wurden mit einer Flachkamera URK (VEB Präzisionsmechanik Freiberg) bei Cu-K_α-Strahlung aufgenommen.

Die an den Proben durchgeführte Temperaturbehandlung erfolgte im DSC-1B.

3. *Ergebnisse und Diskussion*

3.1. *Vorgänge in der Schmelze im Bereich bis* 240 °C

Die differentialkalorimetrischen Messungen an PA-6-Proben zeigen, daß der mit einem Wärmeeffekt verbundene Schmelzvorgang normalerweise bei 228 bis 230°C abgeschlossen ist [7, 8]. Aus verschiedenen Untersuchungen ergab sich jedoch, daß bei Proben, die nur bis 230°C erhitzt worden waren, bei anschließender Kristallisation die ursprünglich vorhandene Kristallstruktur bevorzugt gebildet wird. Bild 1 zeigt die Röntgenweitwinkelaufnahmen von Proben im Originalzustand und nach Schmelzebehandlungen bei 230°C sowie bei 240°C. Die aufgeschmolzenen Proben wurden, aus der Schmelze kommend, bei 175°C kristallisiert.

Wie das Bild 1 zeigt, wird nach der Schmelzebehandlung bei 230°C die Kristallstruktur reproduziert, erst nach der Behandlung bei 240°C bildet sich eine Struktur, die unabhängig von der Ausgangsstruktur ist.

Aus IR-Absorptionsuntersuchungen ist bekannt [9, 10], daß die Anzahl der H-Brücken in diesem Temperaturbereich erst ganz allmählich abnimmt. Das muß allerdings nicht bedeuten, daß dabei die Feinstruktur völlig erhalten bleibt. Es ist aber vorstellbar, daß infolge der zunehmenden Kettenbeweglichkeit und der abnehmenden Stabilität der Verknüpfungspunkte eine schnelle Auflösung und Neubildung von Wasserstoffbrücken erfolgt. Dabei wird zwar eine gewisse Kettenparallelität erhalten bleiben, die Rostebenen aber werden sich sicher auflösen.

Um die zwischen 230 und 240°C ablaufenden Vorgänge aufzuklären, wurde das Verhalten des Kaltkristallisationspeaks bei 54°C herangezogen.

Die Schmelzetemperatur wurde bei einer Verweilzeit von 5 min im Bereich von 230 bis 240°C in 2-grd-Schritten erhöht. Anschließend wurden die Proben in flüssigem Stickstoff abgeschreckt und mit 16 grd/min im DSC aufgeheizt.

Bild 2 zeigt das Verhalten des Kaltkristallisationspeaks. Bei $T_s = 230$°C ist der Kaltkristallisationspeak

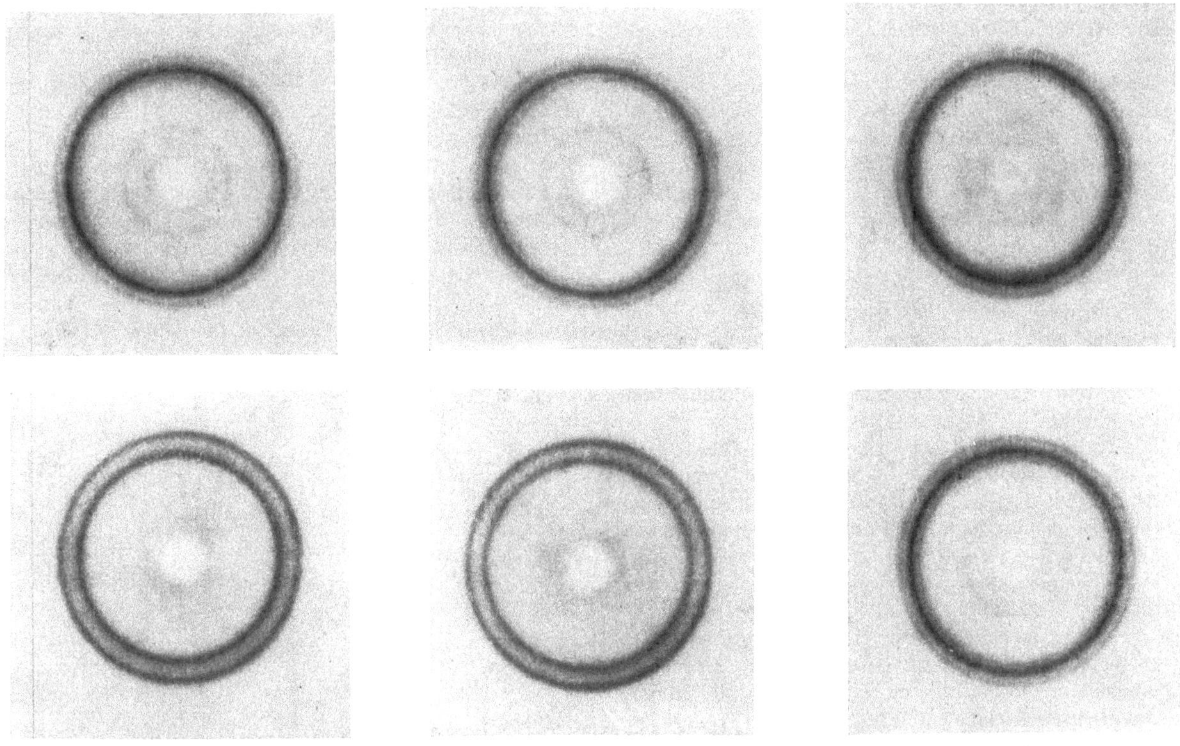

Original 230°C 240°C

Bild 1. Verhalten von PA-6-Proben mit unterschiedlicher Ausgangsstruktur nach einer Schmelzebehandlung
a) hexagonale Ausgangsprobe b) monokline Ausgangsprobe

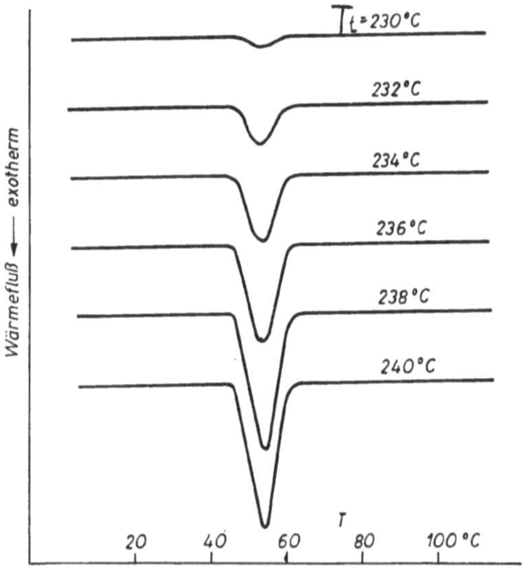

Bild 2. Kaltkristallisationspeak in Abhängigkeit von der Schmelzetemperatur
$t_s = 5$ min, $T_s = 230$ bis 240 °C
Aufheizgeschwindigkeit 16 grd/min

nur schwach ausgebildet. Er nimmt bis $T_s = 238$ °C zu und bleibt dann in seiner Größe konstant.

Während der Kristallisation verändert sich das Röntgenstreubild nur wenig. Die ursprüngliche Amorphstreukurve verändert ihre Maximumlage und verringert etwas ihre Halbwertsbreite. Das deutet auf eine Verbesserung der Kettennahordnung hin (Übergang von nematischer zu smektischer Struktur).

Der Kaltkristallisationspeak erreicht eine maximale Umwandlungsenthalpie von etwa 7 cal/g. Verglichen mit den etwa 16 cal/g des dazugehörenden Schmelzpeaks, ist das ein relativ großer Wert. Diese Nahordnungsvorgänge besitzen also an der Gesamtordnungsbildung einen wesentlichen Anteil.

Die Zunahme des Kaltkristallisationspeaks mit steigender Schmelzetemperatur läßt zwei Deutungen als Grenzfälle zu:

a) Im Bereich von 230 bis 240 °C verschwindet die Nahordnung erst allmählich. Die zugehörige Umwandlungsenthalpie von etwa 7 cal/g macht sich im Thermogramm der Schmelzkurve nicht als Peak bemerkbar, sie bewirkt nur eine Grundlinienverschiebung.
b) Die Nahordnung ist bereits bei 230 °C aufgelöst, die Umwandlungsenthalpie von 7 cal/g ist bereits im Schmelzpeak enthalten. Dann muß man ein „ΔH_s-freies Strukturgedächtnis" annehmen. Die nur knapp oberhalb des Schmelzpunktes behandelten Proben müssen eine solche Schmelzestruktur besitzen, daß es dem Material während der mit endlicher Geschwindigkeit erfolgenden Abkühlung gelingt, sich zu reorganisieren. Die zunehmend höhere Schmelzetemperatur löscht dieses Gedächtnis allmählich, die Reorganisationsvorgänge während der Abkühlung verlaufen langsamer.

Eine Klärung dieser Vorgänge wäre möglich, wenn es gelänge, eine Enthalpiebilanz aufzustellen, in der die Beiträge z. B. der H-Brücken, der Kettenpackung usw. einzeln aufgeführt sind. Dazu fehlen allerdings gegenwärtig nicht nur theoretische Vorarbeiten, auch die experimentelle Erfassung des Schmelzvorgangs ist bei weitem noch nicht genau genug möglich.

3.2. Vorgänge in der Schmelze oberhalb 240 °C

Der Einfluß der Schmelzebehandlung oberhalb 240 °C auf die bisher noch weitgehend unbekannte Struktur der Schmelze ist nachweisbar anhand der Veränderung des Kristallisationsverhaltens der Proben. Die Aussagesicherheit ist allerdings nicht groß, weil während jeder Schmelzebehandlung in der PA-6-Probe chemische Veränderungen vor sich gehen, deren Einfluß auf das Kristallisationsverhalten des Materials noch wenig untersucht ist.

Die in der Schmelze behandelten Proben wurden in zwei Serien isotherm und nichtisotherm kristallisiert. Bei der isothermen Kristallisation wurde nach der Schmelzebehandlung bei einer Temperatur von 175 °C für 10 min kristallisiert.

Die Kristallisationstemperatur von 175 °C hatte sich als besonders günstig erwiesen, weil sich bei dieser Temperatur im allgemeinen α-γ-Mischstrukturen bilden. Strukturänderungen, bedingt durch den Einfluß der Schmelzebedingungen, werden dadurch besonders empfindlich angezeigt. Bei der nichtisothermen Kristallisation wurden die Proben nach der Schmelzebehandlung im DSC mit konstanter Geschwindigkeit von 16 grd/min abgekühlt.

Für die Untersuchung mittels isothermer Kristallisation wurden zwei mattierte Materialien (A 1, A 3) — mit TiO_2-Anteil — und ein unmattiertes Material (A 2) eingesetzt. Davon enthielt das Material A 3 einen Thermostabilisator, während die Materialien A 1 und A 2 unstabilisiert waren.

Es wurde bei verschiedenen Schmelzetemperaturen die Verweilzeit variiert.

Bei der gewählten Kristallisationstemperatur zeigen die Schmelzkurven bis zu fünf Peaks. Die Abhängigkeit der Peaks 1 bis 4 von der Struktur läßt sich zur Charakterisierung des Einflusses der Schmelzebedingungen nutzen. Peak 5 behielt bei allen Proben seine für die Temperbehandlung charakteristische Lage. Tabelle 1

Tabelle 1. Röntgenographisch ermittelte α- und γ-Anteile (Bewertung visuell nach Filmaufnahmen)

Probe	t_s min	T_s in °C 240	250	260	270	280	290
A 1	1	γ	γ	γ	γ	γ	—
	5	γ	γ	$\gamma(\alpha)$	γ	γ	—
	10	γ	$\gamma(\alpha)$	$\gamma(\alpha)$	$\gamma(\alpha)$	γ	—
	20	$\alpha+\gamma$	$\gamma(\alpha)$	$\gamma(\alpha)$	$\gamma(\alpha)$	$\gamma(\alpha)$	—
	30	$\alpha+\gamma$	$\gamma+\alpha$	$\gamma+\alpha$	$\gamma+\alpha$	$\gamma(\alpha)$	—
	60	$\alpha(\gamma)$	$\alpha(\gamma)$	$\alpha(\gamma)$	$\gamma+\alpha$	$\gamma(\alpha)$	—
A 2	1	$\alpha+\gamma$	—	$\alpha(\gamma)$	$\alpha(\gamma)$	$\alpha(\gamma)$	—
	5	$\alpha+\gamma$	$\alpha+\gamma$	$\alpha(\gamma)$	$\alpha(\gamma)$	$\alpha(\gamma)$	—
	10	$\alpha+\gamma$	$\alpha+\gamma$	$\alpha(\gamma)$	$\alpha(\gamma)$	$\alpha(\gamma)$	—
	20	$\alpha(\gamma)$	$\alpha(\gamma)$	$\alpha(\gamma)$	$\alpha(\gamma)$	$\alpha(\gamma)$	—
	30	$\alpha(\gamma)$	$\alpha(\gamma)$	$\alpha(\gamma)$	$\alpha(\gamma)$	$\alpha(\gamma)$	—
	60	$\alpha(\gamma)$	$\alpha(\gamma)$	$\alpha(\gamma)$	$\alpha(\gamma)$	$\alpha(\gamma)$	—
A 3	5	$\gamma(\alpha)$	$\gamma(\alpha)$	$\gamma(\alpha)$	$\gamma(\alpha)$	$\gamma(\alpha)$	$\gamma+\alpha$
	10	$\gamma(\alpha)$	$\gamma(\alpha)$	$\gamma(\alpha)$	$\gamma(\alpha)$	$\gamma(\alpha)$	$\gamma+\alpha$
	30	$\gamma(\alpha)$	$\gamma+\alpha$	$\gamma+\alpha$	$\alpha+\gamma$	$\alpha(\gamma)$	$\alpha(\gamma)$

enthält eine Übersicht über die angefertigten Proben und über die röntgenographisch ermittelten Strukturen. Die α-γ-Anteile wurden visuell aus Röntgenplanfilmaufnahmen ermittelt. Dabei wurde der folgende Bewertungsspiegel angewandt:

γ — hexagonal,
$\gamma(\alpha)$ — hexagonal mit geringem monoklinem Anteil,
$\gamma + \alpha$ — hexagonal mit größerem monoklinem Anteil,
$\alpha + \gamma$ — monoklin mit größerem hexagonalem Anteil,
$\alpha(\gamma)$ — monoklin mit geringem hexagonalem Anteil,
α — monoklin.

Um zunächst auf den Einfluß der Behandlungsdauer einzugehen, zeigt Bild 3 als Beispiel die DSC-Kurven von unterschiedlich lange bei $T_s = 260\,°C$ behandeltem mattiertem PA 6 (A 1).

Man erkennt, daß in Übereinstimmung mit dem röntgenographischen Befund der α-Anteil mit wachsender Behandlungsdauer anwächst. Peak 1 nimmt auf Kosten von Peak 2 stetig zu, Peak 3 und 4 verhalten sich entsprechend. Zunächst ist nur Peak 3 vorhanden. Ab $t_s = 10$ min erscheint Peak 4 im Thermogramm. Bei zunehmendem monoklinem Anteil wird der Anteil von Peak 4 auf Kosten von Peak 3 immer größer. Bei $t_s = 60$ min ist nur noch Peak 4 vorhanden.

Ähnliches Verhalten zeigen beide Materialien bei allen untersuchten Schmelzetemperaturen, wobei sich nur der Übergangsbereich von Fall zu Fall verschiebt.

Zum Vergleich des Einflusses der Schmelzetemperatur zeigt Bild 4 die DSC-Kurven für Proben des Materials A 2, die bei verschiedenen Temperaturen jeweils 5 min behandelt wurden.

Aus der Verschiebung der Peaks 1 bis 4 untereinander läßt sich die Veränderung des α-γ-Verhältnisses nachweisen. Besonders gut erkennt man die Zunahme des α-Anteils an der Vergrößerung von Peak 4.

Zusammenfassend läßt sich feststellen, daß alle drei Materialien eine deutliche Zunahme des α-Anteils mit zunehmender Verweilzeit zeigen. Diese Abhängigkeit ist am deutlichsten bei dem Material A 3 ausgeprägt.

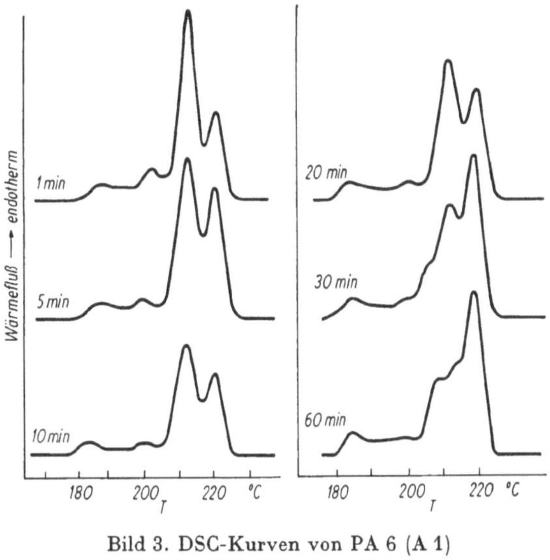

Bild 3. DSC-Kurven von PA 6 (A 1)
$T_s = 260\,°C$, t_s = variabel
$T_k = 175\,°C$, $t_k = 10$ min
Aufheizgeschwindigkeit 16 grd/min

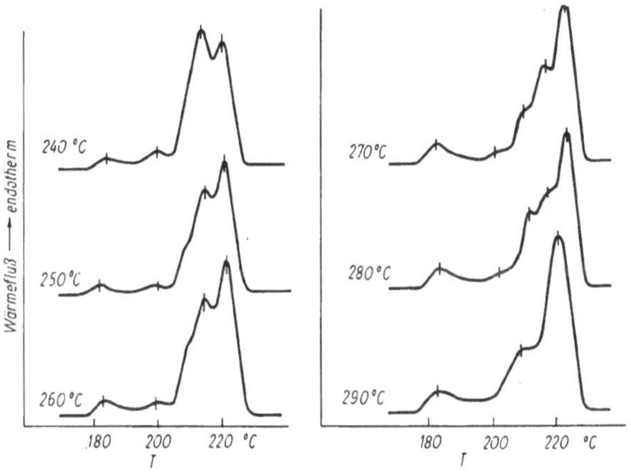

Bild 4. DSC-Kurven von PA 6 (A 2)
$t_s = 5$ min, T_s = variabel
$T_k = 175\,°C$, $t_k = 10$ min
Aufheizgeschwindigkeit 16 grd/min

Mit Ausnahme von A 1 zeigten alle untersuchten Materialien auch eine deutliche α-Zunahme bei Erhöhung der Schmelzetemperatur. A 1 besitzt ein Maximum bei 260 °C. Danach fällt der α-Anteil wieder ab.

Zur Deutung dieses Befundes kann auf die Vorstellungen von *Keith* und *Padden* [11, 12] über die Sphärolithbildung zurückgegriffen werden. Diese beruhen auf der Annahme, daß bei der Sphärolithbildung Segregationsvorgänge zwischen gut- und schlechtkristallisierbaren Anteilen des Polymeren stattfinden. Das für die Untersuchung eingesetzte Material liegt sphärolithisch vor. Das bedeutet, daß innerhalb der Sphärolithe eine Segregation zwischen reinen PA-6-Ketten und Fremdstoffanteilen stattgefunden hat. Diese Segregation bleibt auch in der Schmelze relativ lange erhalten. Allerdings setzt bei Temperaturen oberhalb 240 °C eine temperatur- und zeitabhängige Homogenisierung ein. Werden nun die Polymerproben abgekühlt, so gibt es zwei extreme Möglichkeiten:

1. Das Material ist noch voll segregiert. Bei der Abkühlung kann sich ohne jede Behinderung und damit sehr schnell eine neue Struktur ausbilden. Auf Grund der großen Kristallisationsgeschwindigkeit bildet sich eine „Abschreckstruktur", eine nichtideale γ-Struktur.
2. Das Material ist voll durchmischt. Bei der Abkühlung wird die Kristallisation durch die Fremdstoffanteile behindert. Sie wird in ihrer Geschwindigkeit durch die Diffusion dieser Anteile bestimmt. Diese langsame Kristallisation begünstigt die Ausbildung einer reinen α-Struktur.

Die Verhältnisse beim Material A 1 zeigen, daß die erwähnten Faktoren nicht allein wirksam sind. Dieses Material enthielt keinen Stabilisator und war auf Grund der Mattierung bei Temperaturen oberhalb 260 °C bereits starkem Abbau unterworfen, wie aus anderen Untersuchungen hervorging. Damit ergaben sich aber chemische Veränderungen, die geeignet waren, die Strukturbildung auf Grund der Einwirkung der Abbauprodukte völlig zu verändern.

Wenn die gegebene Deutung richtig ist, dann muß bei gesteuerter Abkühlung die Bildung von γ-Material

Tabelle 2. Kristallisationsverhalten verschiedener PA-6-Materialien, Abkühlung aus der Schmelze mit 16 grd/min

Probe	T_M °C	T_{KA} °C	T_{K1} °C	T_{K2} °C	T_{KE} °C	ΔH_k cal/g	Röntgenstruktur
A 4	240	190	177		160	13,2	γ
	260	189	178		160	12,8	γ
	280	190	179		160	12,3	$\gamma(\alpha)$
A 5	240	187	177		160	12,6	$\gamma(\alpha)$
	260	186	176		160	12,4	$\gamma(\alpha)$
	280	185	175		160	12,2	$\gamma(\alpha)$
A 6	240	187		168	154	13,8	α
	260	187		168	154	13,8	α
	280	187		167	154	13,7	α
A 7	240	187	179	169	153	14,0	$\alpha + \gamma$
	260	188	179	170	153	14,1	$\alpha(\gamma)$
	280	188		168	153	14,3	α

früher erfolgen als diejenige von α-Material. Der Klärung dieser Frage dienten die Untersuchungen mittels nichtisothermer Kristallisation. Dabei wurde das Kristallisationsverhalten verschiedener mattierter Seidengranulate A 4—A 7 nach Schmelzebehandlungen zwischen 240 und 280 °C und einer Verweilzeit von 10 min bei einer Abkühlungsgeschwindigkeit von 16 grd/min direkt im DSC untersucht.

Abschließend wurden die erhaltenen Proben röntgenographisch charakterisiert. Tabelle 2 enthält die Übersicht der untersuchten Proben, die Lagen der Kristallisationspeaks sowie der röntgenographisch bestimmten α- und γ-Anteile.

Bild 5 zeigt als Beispiel für das Material A 7 drei der gemessenen Kristallisationskurven.

Wie die Ergebnisse aus Tabelle 2 zeigen, hängt das Kristallisationsverhalten vom eingesetzten Material ab. Änderungen der Struktur durch Variation der Schmelzebedingungen lassen sich bei den gewählten Versuchsbedingungen (Abkühlgeschwindigkeit 16 grd/min) nur bei den Materialien A 4 und A 7 erreichen. Bei diesen Proben nimmt der monokline Anteil mit wachsender Schmelzetemperatur zu.

Von Bedeutung ist aber vor allem die Tatsache, daß sich α- und γ-Struktur beim Abkühlen bei verschiedenen Temperaturen bilden, die γ-Struktur bei $T_{K1} = 175$ bis 179 °C, die α-Struktur bei $T_{K2} = 165$ bis 168 °C. Besonders deutlich wird dieses Verhalten bei der PA-6-Sorte A 7 (Bild 5). Bei $T_s = 240$ °C wird beim Abkühlen noch ein γ-Anteil gebildet, T_{K1} tritt als Peak in der Kristallisationskurve auf. Bei $T_s = 280$ °C wird beim Abkühlen nur noch die α-Modifikation gebildet. T_{K1} tritt im Thermogramm nicht mehr auf. Dieses Ergebnis bestätigt die oben gegebene Deutung der Vorgänge in der Schmelze und bei der nachfolgenden Kristallisation.

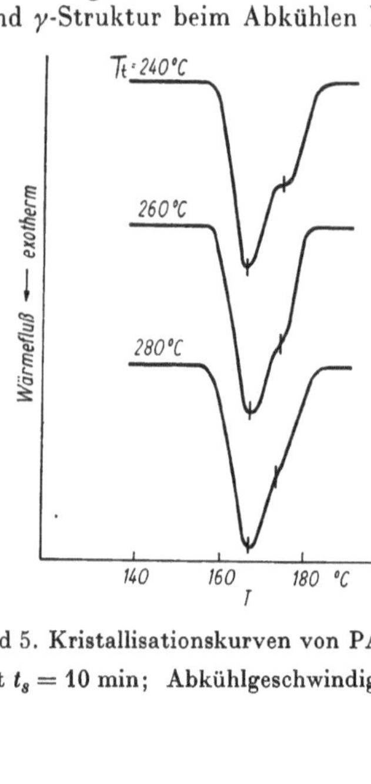

Bild 5. Kristallisationskurven von PA 6 (A 7)
Verweilzeit $t_s = 10$ min; Abkühlgeschwindigkeit 16 grd/min

4. *Zusammenfassung*

Im Temperaturbereich bis 240 °C löst sich die Nahordnung in PA-6-Proben nur allmählich auf. Das hängt mit der nur langsam erfolgenden Abnahme der Konzentration von Wasserstoffbrücken in der Schmelze zusammen. Bei Temperaturen oberhalb 240 °C können auf Grund zunehmender Kettenbeweglichkeit Durchmischungsprozesse einsetzen, die zur Homogenisierung von früher segregierten Fremdstoffanteilen führen. Parallel dazu verlaufen mit nicht mehr zu vernachlässigender Geschwindigkeit chemische Prozesse, wie Nachpolymerisation, Abbau und Vernetzungsvorgänge. Dadurch wird das Gedächtnis der Schmelze für die übermolekulare Struktur zunehmend gelöscht.

Wir danken Frau *I. Eidtner* für gewissenhafte experimentelle Mitarbeit.

Literatur

[1] *Kovacs, A. I.:* Diskussionsbeitrag zu *Fischer, E. W.:* Zusammenhänge zwischen der Kolloidstruktur kristalliner Hochpolymerer und ihrem Schmelz- und Rekristallisationsverhalten. Kolloid-Z./Z. Polymere **231** (1969) S. 503.

[2] *Schoon, T. G. F.*, und *Teichmann, O.:* Elektronenmikroskopische Untersuchungen des Quellungsvorganges bei Makromolekülen, Teil I. Kolloid-Z./Z. Polymere **197** (1964) S. 35—45.

[3] *Schoon, T. G. F.*, und *Kretschmer, R.:* Elektronenmikroskopische Untersuchungen des Quellungsvorganges bei Makromolekülen, Teil II. Kolloid-Z./Z. Polymere **197** (1964) S. 45—51.

[4] *Yeh, G. S. Y.*, und *Geil, P. H.:* Crystallization of polyethylene terephthalate from the glassy amorphous state. J. macromol. Sci. B: Physics **1** (1967) S. 235—249.

[5] *Yeh, G. S. Y.*, und *Lambert, S. L.:* Mechanism of spherulitic crystallization as deduced from observations of partially crystallized glassy polystyrene. J. macromol. Sci., B: Physics B **6** (1972) S. 599—620.

[6] *Pechold, W.*, und *Blasenbrey, S.:* Phase transitions, relaxations and properties of high polymers. Angew. makromol. Chemie, Basel **22** (1972) S. 3—25.

[7] *Weigel, P.*, *Hirte, R.*, und *Ruscher, Ch.:* Über die Feinstruktur der Polyamide. IX. Schmelzverhalten von Polycaproamid. Faserforsch. u. Textiltechnik/Z. Polymerforsch. **25** (1974) 5, S. 138—204.

[8] *Weigel, P.*, *Hirte, R.*, und *Ruscher, Ch.:* Über die Feinstruktur der Polyamide. X. Einfluß der thermischen Vorgeschichte auf das Schmelzverhalten von Polycaproamid. Faserforsch. u. Textiltechnik/Z. Polymerforsch. **25** (1974) 7, S. 283—288.

[9] *Trifan, E. F.*, und *Terenzi, I. E.:* Extents of hydrogen bonding in polyamides and polyurethanes. J. Polymer Sci. **28** (1958) S. 443—445.

[10] *Bessler, E.*, und *Bier, G.:* Über die Wasserstoffbrücken in Polyamiden. Makromol. Chemie **122** (1969) S. 30—37.

[11] *Keith, H. D.*, und *Padden, F. I.:* Spherulitic crystallization from the melt. J. appl. Physics **35** (1964) S. 1270 bis 1285.

[12] *Keith, H. D.*, und *Padden, F. I.:* Spherolitic crystallization from the melt. II. J. appl. Physics **35** (1964) S. 1286—1296.

Eingegangen am 28. März 1974

Relaxationsuntersuchung an polymeren Festkörpern unter dem Gesichtspunkt der experimentellen Systemanalyse

I. Experimentelle Systemanalyse und praktische Beanspruchungsspektren

Friedrich Winkler, Albrecht Bauer und Klaus Nitzsche

Akademie der Wissenschaften der DDR, Institut für Polymerenchemie in Teltow-Seehof

DK 678.4/.8.016./7:677.017.4:539.389.3:517.512.2:519.2

Bei der Verarbeitung und im Gebrauch werden polymere Festkörper im Laufe der Entwicklung immer extremeren Beanspruchungsbedingungen ausgesetzt und für einen ökonomischen Einsatz ist eine möglichst umfassende Ermittlung der Materialkennwerte erforderlich. Als erster Schritt wird eine Analyse der praktisch auftretenden periodischen und impulsförmigen Beanspruchungen vorgenommen. Mit Hilfe der *Fourier*-Analyse werden Amplitudenspektren errechnet, die eine Aussage über die Beanspruchungsamplituden und -zeiten bzw. -frequenzen zulassen.

Исследование релаксации полимерных твердых веществ с точки зрения экспериментального анализа систем.

I. Экспериментальный анализ систем и практические спектры нагрузки

Полимерные материалы в процессах переработки и эксплуатации во всей большей степени подвергаются более жестким условиям нагрузки. Поэтому для применения этих материалов необходимо с точки зрения экономики возможно широкое определение их характеристик. В виде первого шага в этом направлении проведен анализ наблюдаемых на практике периодических и импульсных нагрузок. При помощи анализа Фурье вычислены спектры амплитуд, дающие информацию о амплитудах, временах и частотах при нагрузке.

Relaxation Investigations of Polymer Solids under the Aspect of Experimental System Analysis.

I. Experimental System Analysis and Real Stress Spectra

In processing and end use polymer solids are subjected to ever growing requirements, and economical application demands the determination of material characteristics to be as extensive as possible. The first step described in this paper consists in the analysis of periodical and pulsing stressing under conditions of practical importance. Based on the *Fourier* analysis the amplitude spectra are calculated which provide information on stressing amplitude, time and frequency.

1. Genauigkeitsgrenzen der bisherigen Zugprüfung

Faserstoffe und Textilien unterliegen während der Herstellung und im Gebrauch den vielfältigsten Beanspruchungen. Daher ist der Verarbeitungs- und Gebrauchswertprüfung besondere Aufmerksamkeit zu schenken. Wegen der in immer kürzeren Zeitabständen auf dem Markt erscheinenden neuen oder modifizierten Faserstoffe und Textilien, deren praktische Bewährung nicht bekannt ist, muß zur Beurteilung des Gebrauchswertes zweierlei festgestellt werden:

a) Die Eignung des Erzeugnisses für einen bestimmten Verwendungszweck, d. h., Klärung der Frage, ob die für die Verarbeitung und den Gebrauch wichtigen Eigenschaften von vornherein in ausreichender Höhe vorhanden sind, und
b) die Beständigkeit dieser Eigenschaften, beurteilt nach ihrer zeitabhängigen Güteminderung bei Einwirkung von Umwelteinflüssen und Gebrauchsbeanspruchungen, als relatives Maß der voraussichtlichen Lebensdauer (*Sommer* und *Winkler* [17]).

Besonders häufig treten bei der Verarbeitung und im Gebrauch Zugbeanspruchungen auf oder Beanspruchungen, deren wesentlicher Bestandteil eine Zugbeanspruchung ist.

Infolge der immer höher werdenden Arbeitsgeschwindigkeiten in der Chemiefaser- und Textilindustrie und des immer stärkeren Einsatzes von Textilien im technischen Sektor und in Verbundwerkstoffen reichen für die Beurteilung der Materialien die bisherigen Prüfstandards nicht mehr aus. In den meisten Fällen stellen sie nur empirisch entwickelte Einpunktmessungen bei festgelegten Prüfbedingungen dar. Sehr häufig liegen diese Prüfbedingungen in Bereichen, die über das bei der Verarbeitung und im Gebrauch zu erwartende Verhalten der Faserstoffe und Textilien keine genügend sicheren Aussagen machen lassen (*Wegener* [23]). Von *Weissert* [24] wird z. B. angegeben, daß in den Mikroelementen von Reifencord während der Fahrt auf Grund der Unebenheiten der Straße Dehnungsgeschwindigkeiten von 10^5 bis $10^6\%/s$ auftreten, während beim standardisierten Zugversuch die Dehnungsgeschwindigkeiten nur in der Größenordnung 10^{-1} bis $10^1\%/s$ liegen. Wegen der großen Temperatur- und Zeit- bzw. Frequenzabhängigkeit und des nichtlinearen Zusammenhanges zwischen Spannung und Verformung und wegen der Abhängigkeit von den geometrischen Dimensionen geben Einpunktmessungen kein umfassendes Bild und führen zu Fehlentscheidungen (*Grimminger* [5]). Nach *Selenew* und *Kardanow* [14] muß für die Voraussage der Verformungseigenschaften von polymeren Konstruktionswerkstoffen ein sehr großer Zeitbereich von etwa 10 Größenordnungen erfaßt werden.

Unter den genannten Gesichtspunkten wird es verständlich, daß der Untersuchung des Kraft-Längenänderungs-Verhaltens der Faserstoffe und Textilien auch im Zusammenhang mit den Eignungs- und Beständigkeitsprüfungen eine bevorzugte Bedeutung beizumessen ist. Von *Grimminger* und *Jacobshagen* [6] wird eine ganze Reihe verschiedener Gründe aufgeführt, aus denen dem Zugversuch eine besondere Bedeutung für die Beurteilung des Werkstoffverhaltens bei der Weiterverarbeitung und im Gebrauch zukommt. Wir werden uns im Rahmen der vorliegenden Arbeit mit diesem Fragenkomplex befassen, und zwar vorzugsweise mit der Zugbeanspruchung als Eignungsprüfung, also mit der Feststellung des Materialzustandes. Wir sehen unsere Aufgabe darin, über die aus Einpunktmessungen resultierenden Kennwerte hinaus Kennfunktionen zu ermitteln, die Voraussagen über das Kraft-Längenänderungs-Verhalten von Faserstoffen und Textilien während der Herstellung, der Verarbeitung und im Gebrauch machen lassen. Dabei beschränken wir uns auf solche Kennfunktionen, die sich aus den Spannungsrelaxations-Untersuchungen ableiten lassen.

2. *Anwendung der experimentellen Systemanalyse auf die Zugprüfung*

Die Systemtheorie entstand als ein Teilgebiet der technischen Kybernetik zunächst im Rahmen der theoretischen Elektrotechnik beim Ausbau der Theorie der linearen Netzwerke.

Nach *Unbehauen* [21] stellt die Systemtheorie ein ingenieurwissenschaftliches Grundlagengebiet dar, dessen Bedeutung vor allem darin liegt, daß zur Untersuchung bestimmter technischer Vorgänge oder Einrichtungen mathematische Modelle bereitgestellt werden, die bei den verschiedenartigsten Anwendungen in einheitlicher Weise Einsicht in technische Zusammenhänge und qualitative Aussagen gestatten.

Aufgabe der Systemanalyse als einem wichtigen Teilgebiet der Systemtheorie ist nach *Strobel* [19] die Bestimmung der statischen und dynamischen Zusammenhänge zwischen den Eingangs- und Ausgangs-Funktionen eines Systems, d. h., die Gewinnung eines mathematischen Modelles, das wesentliche Eigenschaften des realen Systems genügend genau widerspiegelt. Auf die Zugprüfung übertragen, stellt der Prüfling das reale System dar, dessen Kraft-Längenänderungs-Verhalten genügend genau durch das mathematische Modell beschrieben werden soll.

Bei der experimentellen Systemanalyse wird ein System oder ein Teilsystem im allgemeinen durch einen „schwarzen Kasten" (üblicher ist der englischsprachige Begriff „black box") gekennzeichnet (*Lenk* [11]), an dem eine oder mehrere Eingangs- und Ausgangs-Größen und teilweise noch zusätzliche Störgrößen wirken. Bei der Anwendung auf die Zugprüfung von Faserstoffen und Textilien ist es möglich, durch Bilden von Teilsystemen stets Systeme mit nur je einem Eingangs- und einem Ausgangssignal zu erhalten, deren mathematische Behandlung Vorteile bietet. Durch Messung der Eingangs- und Ausgangsfunktionen, die hierbei Kraft-Zeit- oder Längenänderungs-Zeit-Funktionen darstellen, ist es möglich, ein mathematisches Modell für das Kraft-Längenänderungs-Verhalten des Prüflings zu ermitteln.

Prinzipiell stellt das Kraft-Längenänderungs-Verhalten der Faserstoffe und Textilien ein nichtlineares System dar. Für kleine Beanspruchungen kann es aber linearisiert werden. *Staverman* und *Schwarzl* [18] geben für die „Dehnungsgrenzen der Linearität" auf der Basis eines Meßfehlers von 5% für Kunststoffe 0,1 bis 1%, für Gummi 10 bis 100% an. *Soen, Ono, Yamashita* und *Kawai* [16] führen Spannungsrelaxationsuntersuchungen innerhalb des linearen Dehnungsbereiches durch, der von ihnen für die Zugbeanspruchung mit weniger als 1% im Glaszustand, mit wenigen Prozenten im Übergangsgebiet und mit mehreren Prozenten im gummielastischen Zustand angegeben wird. Von *Nakatani, Iijima, Suganuma* und *Kawai* [12] werden die Grenzen des linearen Bereiches mit 1% im Glaszustand, 3% im Übergangsgebiet, weniger als 10% im gummielastischen Zustand und weniger als 15% für das Fließgebiet angegeben. Nach *Daniel* [2] liegen die Grenzen des Linearisierungsbereiches sowohl für amorphe als auch für kristalline Polymere in der Größenordnung bis zu etwa 1%. Für Thermoplaste ganz allgemein gibt *Retting* [13] je nach Material und Temperatur einen Bereich von 0,1% bis 0,5% Dehnung an.

Für die Auswertung der auch als Antwortfunktionen bezeichneten Ausgangsfunktionen und die Ermittlung der mathematischen Modelle kennt die experimentelle Systemanalyse eine Vielzahl von Verfahren, die insbesondere *Strobel* [19] für die Anwendung determinierter Testsignale übersichtlich zusammengestellt hat. Ein Ziel unserer Arbeit ist es, die praktische Anwendbarkeit einzelner dieser Verfahren auf den Zugversuch zu zeigen und damit neue und weiterführende Betrachtungsweisen in die Materialprüfung einzuführen.

3. *Praktisch auftretende Zugbeanspruchungen und das Beanspruchungsspektrum*

Faserstoffe und Textilien sind in ihren Spannungs-Dehnungs-Eigenschaften von der Art der Beanspruchung abhängig. Vor der Analyse ist daher zu klären, ob

näherungsweise eine Zwangsverformung oder
näherungsweise eine Kraftbeanspruchung oder
beide Beanspruchungen in untrennbarer Verbindung

vorliegen. Zwangsverformungen treten vorwiegend während der Verarbeitung auf, z. B. an Kettfäden durch die Fachöffnung in der Webmaschine. Im Gebrauch sind dagegen die Verformungsenergien meist begrenzt, so daß Kraftbeanspruchungen charakteristisch sind, z. B. die Beanspruchung des Reifencordes im Autoreifen.

Eine dem Ingenieur verständliche Form der mathematischen Analyse von determinierten Funktionen geht schon auf *Fourier* [3] zurück. Sein Grundgedanke war, Funktionen durch Summen bzw. Integrale von harmonischen Funktionen darzustellen. Davon macht schon seit langem insbesondere die Nachrichtentechnik Gebrauch, indem sie periodische Zeitfunktionen

$$x(t) = x(t + kT), \tag{1}$$

die zu einer beliebigen Zeit t den gleichen Wert $x(t)$ haben wie zu jeder anderen Zeit, die sich um ganze Vielfache $k = 1, 2, 3, \ldots$ der Periodendauer T von t unterscheidet, in ihr Frequenzspektrum zerlegt (vgl. z. B. *Kraak* und *Weissing* [9]). Dieses Spektrum besteht aus einer Sinusfunktion mit einer Grundfrequenz

$$f_0 = \frac{1}{T} \tag{2}$$

und aus weiteren Sinusfunktionen und Kosinusfunktionen, deren Frequenz ganze Vielfache der Grundfrequenz sind. Für (1) ergibt sich dann mit der Grund-Kreisfrequenz

$$\omega_0 = 2\pi f_0 = \frac{2\pi}{T} \tag{3}$$

die *Fourier*-Reihe

$$x(t) = \sum_{k=0}^{\infty} (A_k \cos k\omega_0 t + B_k \sin k\omega_0 t), \tag{4}$$

wenn man für den Beanspruchungs-Zeit-Verlauf $x(t)$ setzt, um die Betrachtungen allgemein und ohne spezielle Bindung an den Spannungs-Zeit- oder den Dehnungs-Zeit-Verlauf vornehmen zu können. Für den Übergang zu der Beanspruchungs-Amplitudendichte ist die Beanspruchungs-Amplitude $\hat{x}$ erforderlich, die in der der Beziehung (4) äquivalenten Form

$$x(t) = \sum_{k=0}^{\infty} C_k \cos(k\omega_0 t + \varphi_k) \quad (5)$$

enthalten ist. Für den Zusammenhang zwischen beiden Beziehungen gilt

$$C_k = \sqrt{A_k^2 + B_k^2} \quad (6)$$

und

$$\varphi_k = \arctan \frac{A_k}{B_k}. \quad (7)$$

Für die folgenden Betrachtungen ist die Schreibweise in Polarkoordinaten nach Beziehung (5) vorteilhafter als diejenige in kartesischen Koordinaten nach Beziehung (4), weil der *Fourier*-Koeffizient C_k der Beanspruchungs-Amplitude $\hat{x}$ beim k-fachen der Grund-Kreisfrequenz ω_0 entspricht, also

$$C_k = \hat{x}(k\omega_0). \quad (8)$$

Die Amplitude C_0 stellt den Gleichanteil dar, also den linearen Mittelwert der Zeitfunktion über eine Periode. Schon früher wurde von uns aus anderen Gründen darauf hingewiesen, daß eine Untergliederung in Gleichbeanspruchung (konstante Mittelkraft, konstante Mitteldehnung) und Wechselbeanspruchung (Wechselkraft, Wechseldehnung) methodische Vorteile bietet (*Winkler* [25, 26]). Bei der Analyse praktisch vorkommender Beanspruchungs-Zeit-Funktionen kann man sich auf eine begrenzte Anzahl k von *Fourier*-Koeffizienten beschränken, da nur eine begrenzte Meßgenauigkeit vorhanden und damit auch nur eine begrenzte Approximationsgenauigkeit durch die *Fourier*-Reihe erforderlich ist. Meist liegen die in der Praxis vorkommenden Beanspruchungs-Zeit-Funktionen nicht als analytische Funktionen, sondern als von einem Meßgerät aufgezeichnete Kurven vor. Für die Berechnung der *Fourier*-Koeffizienten A_k, B_k oder C_k sind aus der gegebenen Kurve zu $2k$ gleichabständigen Zeiten die Ordinatenwerte $x(t)$ abzunehmen. Dann kann man die Ermittlung nach einem relativ einfachen Rechenschema durchführen, entweder mit Hilfe von Tafeln, Rechenschablonen [20, 27] oder auf einer EDVA [1, 10].

Trägt man den in Beziehung (8) gegebenen Zusammenhang, also die *Fourier*-Koeffizienten C_k bzw. die Beanspruchungs-Amplituden $\hat{x}(k\omega_0)$ über der Beanspruchungs-Kreisfrequenz $\omega = k\omega_0$ bzw. der Beanspruchungs-Frequenz $f = kf_0 = k\omega_0/2\pi$ auf, so erhält man ein Linienspektrum, das als Amplitudenspektrum bezeichnet wird (vgl. z. B. *Greuel* [4], *Kraak* und *Weissing* [9]). Die Darstellung des Nullphasenwinkels der k-ten Harmonischen φ_k über der Beanspruchungs-Kreisfrequenz ω bzw. über der Beanspruchungs-Frequenz f ergibt ebenfalls ein Linienspektrum, das Phasenspektrum genannt wird. In den meisten Fällen beschränkt man sich jedoch auf die Angabe des Beanspruchungs-Amplitudenspektrums, das einen Überblick gibt, wie stark die Beanspruchungs-Amplituden der höheren Harmonischen $\hat{x}(k\omega_0)$ mit steigender Beanspruchungsfrequenz abnehmen (*Greuel* [4]). Bei der Analyse des Beanspruchungs-Zeit-Verhaltens beschränken wir uns ebenfalls auf das Beanspruchungs-Amplitudenspektrum, um den Frequenz- und Amplituden-Bereich zu ermitteln, der für die Beurteilung des Kraft-Längenänderungs-Verhaltens noch von Wichtigkeit ist, also den Eingangssignalbereich begrenzt.

Die angestellten Betrachtungen gelten für periodische Beanspruchungs-Zeit-Funktionen; doch mindestens ebenso häufig wie diese treten in der Materialprüfung nichtperiodische Beanspruchungs-Zeit-Funktionen auf. Prinzipiell lassen sich diese aber in gleicher Weise behandeln, wenn anstelle der *Fourier*-Summe das *Fourier*-Integral verwendet wird. Faßt man nämlich einen zeitbegrenzten Vorgang als einen periodischen Vorgang mit der Periodendauer $T \to \infty$ auf, so lassen sich die Beziehungen (2) bis (8) sinngemäß anwenden. Wie die Beziehungen (2) und (3) zeigen, streben sowohl die Grund-Frequenz f_0 als auch die Grund-Kreisfrequenz ω_0 gegen Null, und aus den *Fourier*-Reihen nach den Beziehungen (4) oder (5) entstehen die *Fourier*-Integrale

$$x(t) = \frac{1}{\pi} \int_0^{\infty} [a(\omega) \cos \omega t + b(\omega) \sin \omega t] \, d\omega \quad (9)$$

oder

$$x(t) = \frac{1}{\pi} \int_0^{\infty} c(\omega) \cos [\omega t + \varphi(\omega)] \, d\omega. \quad (10)$$

Mit wachsendem T werden in Übereinstimmung mit den Beziehungen (2) und (3) f_0 und ω_0 immer kleiner, so daß man

$$\Delta f = f_0 = \frac{1}{T} \quad (11)$$

und

$$\Delta\omega = \omega_0 = \frac{2\pi}{T} \quad (12)$$

setzen kann. Aus dem Zusammenhang zwischen den Beziehungen (5) und (10) läßt sich für $T \to \infty$ bzw. $\Delta\omega \to 0$ die Beanspruchungs-Amplitudendichte

$$c(\omega) = \lim_{\Delta\omega \to 0} \frac{\pi C_k}{\Delta\omega} = \lim_{\Delta\omega \to 0} \frac{\pi \hat{x}}{\Delta\omega} \quad (13)$$

oder

$$c(f) = \lim_{\Delta f \to 0} \frac{C_k}{2\Delta f} = \lim_{\Delta f \to 0} \frac{\hat{x}}{2\Delta f} \quad (14)$$

ableiten. Die Beanspruchungs-Amplitudendichte $c(f)$ ist aus Abtastwerten der Funktion $x(t)$ nicht direkt berechenbar. Bei der Frequenzanalyse einmaliger kurzzeitiger Vorgänge hilft man sich nach *Kraak* und *Weissing* [9] so, daß man die einmaligen Vorgänge bei der Auswertung als entsprechend wiederholt betrachtet. Dieser periodisch wiederholte Kurzzeitvorgang besitzt dann ein Linienspektrum mit dem Linienabstand Δf nach Beziehung (11), wobei T die Periodendauer der Wiederholung und nicht die Dauer des Kurzzeitvorganges ist. Wird T genügend groß, Δf also genügend klein gewählt, dann entspricht der Hüllkurvenverlauf des Linienspektrums des periodisch wiederholten Vorganges dem Verlauf der Beanspruchungs-Amplitudendichte des einmaligen kurzzeitigen Vorganges. Das Verhältnis der Dauer des einmaligen Vorganges zur gewählten Periodendauer t bezeichnet man meist mit Tastverhältnis. Von *Kraak* und *Weißing* [9] wird für einen Rechteckimpuls als günstigstes Tastverhältnis ein solches gleich oder größer als 1:5 abgeschätzt und auch für beliebige Zeitverläufe als gültig angesehen. Je größer man nämlich das Tastverhältnis wählt, um so dichter folgen die Linien des Beanspruchungs-Amplitudenspektrums aufeinander, um so geringer wird aber auch die Größe der Amplituden. Es ist deshalb zweckmäßig, das Tastverhältnis nicht zu groß zu wählen. Die berechneten *Fourier*-Koeffizienten sind dann in Übereinstimmung mit Beziehung (13) durch $\Delta\omega$ zu teilen, um die Beanspruchungs-Amplitudendichte-Werte

$$\frac{C_k}{\Delta\omega} = \frac{\hat{x}}{\Delta\omega} \qquad (15)$$

zu erhalten. Diese sind über der zugehörigen Beanspruchungs-Frequenz

$$f = kf_0 = k\Delta f \qquad (16)$$

aufzutragen. Die Hüllkurve durch diese Werte stellt die Beanspruchungs-Amplitudendichte als Funktion der Beanspruchungs-Frequenz dar.

In Bild 1 haben wir die Unterschiede zwischen den Amplitudenspektren einer periodischen (pulsförmigen) und einer nichtperiodischen (impulsförmigen) Funktion am Beispiel einer sinusförmigen Zeitfunktion dargestellt. Nimmt man an, daß es sich in Bild 1a um eine periodische Sinusfunktion mit einer Periodendauer T handelt, die von $-\infty$ bis $+\infty$ läuft, so ergibt sich daraus das in Bild 1c angegebene Amplitudenspektrum. Es besteht nur aus einer Linie bei der Frequenz $f_0 = 1/T$. Betrachtet man dagegen von der Sinusfunktion in Bild 1a nur die erste Halbwelle und wendet das beschriebene Näherungsverfahren an, so ergibt sich als Beispiel das in Bild 1b dargestellte Amplitudenspektrum, wenn das Tastverhältnis 1:8 gewählt wird. Das heißt aber, daß anstelle des Halbsinus-Impulses eine periodische Pulsfunktion angenommen wird, deren Beanspruchung zwischen den Zeitpunkten $t = 0$ und $t = T/8$ einer halben Sinuswelle folgt und zwischen den Zeitpunkten $T/8$ und T den Wert Null aufweist. Bei dem als Beispiel gewählten Tastverhältnis von 1:8 läßt sich aus dem diskreten Amplitudenspektrum eine gute Näherung für das Amplitudendichte-Spektrum berechnen.

Für die weitergehenden Betrachtungen ist nur die Kenntnis des Beanspruchungs-Spektrums notwendig, also der Hüllkurve über die maximalen Amplituden bzw. Amplituden-Dichten aller möglichen Beanspruchungsfunktionen. Dabei ist es nach *Grimminger* [5] notwendig und hinreichend, die schärfsten in der Praxis vorkommenden Bedingungen zu studieren.

Für die Entscheidung, bei welchen Beanspruchungsfrequenzen das Kraft-Längenänderungs-Verhalten der Faserstoffe und Textilien zu prüfen ist, müßten nun zunächst die praktisch auftretenden Beanspruchungs-Zeit-Funktionen verschiedener Gruppen textiler Erzeugnisse festgestellt und nach dem anhand von Bild 1 erläuterten Verfahren analysiert werden. Nachstehend geben wir für einige in der Literatur zu findende und mit allen erforderlichen Angaben versehene Beanspruchungs-Zeit-Funktion die von uns berechneten zugehörigen Amplituden- bzw. Amplitudendichtespektren an.

Von *Walter* [22] wurde die Cordfadenzugkraft in der äußeren Seitenwandlage eines mit 96,6 km/h laufenden Autoreifens gemessen. Die einer Beanspruchungs-Zeit-Funktion entsprechende Cordfadenzugkraft-Umlaufwinkel-Kurve, für die sich als Umlauffrequenz eine Grundfrequenz von $f_0 = 12{,}5$ Hz ermitteln läßt, ist im Bild 2a angegeben. Bild 2b zeigt das von uns errechnete Amplitudenspektrum. Es ist zu ersehen, daß die Amplituden bis zum Vierfachen der Grundfrequenz diejenige der Grundfrequenz übersteigen und auch bei höheren Frequenzen nur langsam abnehmen. Von *Kern* [8] wird angegeben, daß die entscheidenden Beanspruchungsfrequenzen mindestens den vier- bis zehnfachen Wert der Umlauffrequenz haben, was nach Bild 2 Beanspruchungs-Frequenzen der Cordfäden zwischen 100 Hz bis 250 Hz entspricht. Die Beanspruchungs-Amplituden F nehmen dabei von 100 p auf 10 p ab.

Bei seinen Untersuchungen der periodisch wiederkehrenden Fadenzugkräfte an Kettenwirkmaschinen

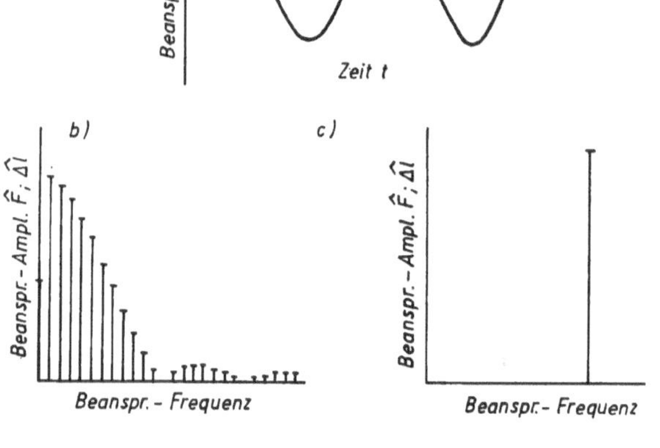

Bild 1. Beanspruchungsfunktion (*a*) und zugehörige Amplitudenspektren für den Halbsinus-Impuls (*b*) und den Sinus-Puls (*c*)

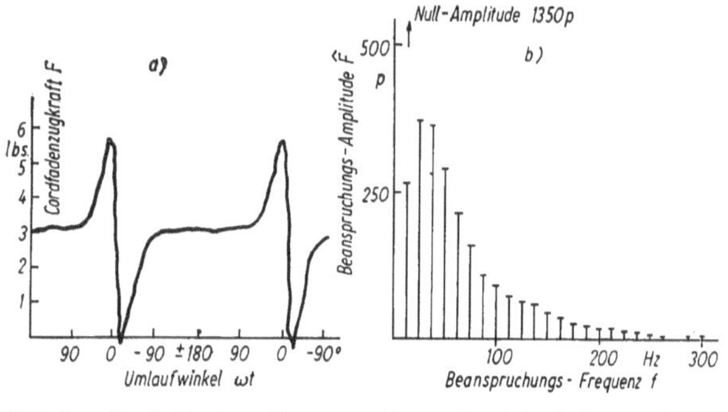

Bild 2. Periodische Beanspruchungskraftfunktion eines Reifencordfadens nach *Walter* [22] (*a*) und zugehöriges Amplitudenspektrum (*b*)

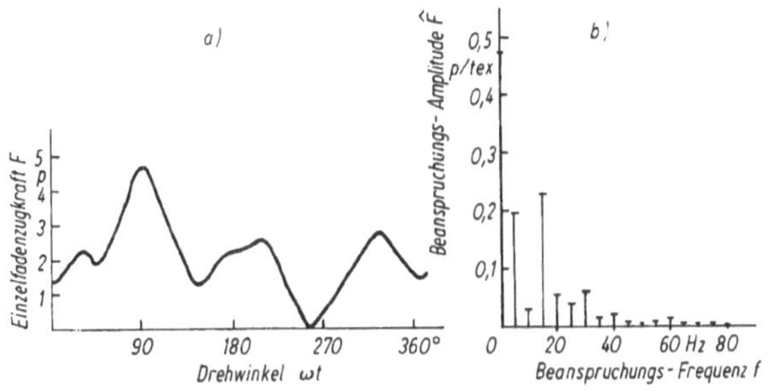

Bild 3. Periodische Beanspruchungskraftfunktion des Fadens auf einer Kettenwirkmaschine nach *Hudson* [7] (*a*) und zugehöriges Amplitudenspektrum (*b*)

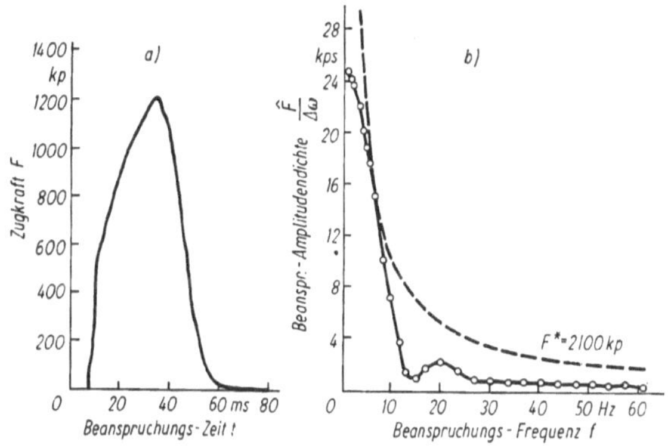

Bild 4. Impulsförmige Beanspruchungskraftfunktion eines Autosicherheitsgurtes nach *Slattenscheck*, *Tauffkirchen* und *Türk* [15] (*a*) und zugehöriges Amplitudenspektrum (*b*) (-----) mit Amplitudendichtespektrum der erforderlichen sprungförmigen Testbeanspruchung (— — —)

fand *Hudson* [7] die in Bild 3a angegebene Einzelfadenzugkraft-Drehwinkel-Kurve. Das daraus von uns berechnete Amplitudenspektrum ist in Bild 3b dargestellt. Die größten Amplituden treten — außer als Gleichkraft bei $f = 0$ Hz — bei der Grundfrequenz $f_0 = 5$ Hz und der dritten Harmonischen auf. Oberhalb einer Beanspruchungs-Frequenz von 30 Hz betragen die Beanspruchungs-Amplituden weniger als 0,02 p/tex und können vernachlässigt werden.

Als Beispiel einer nichtperiodischen Beanspruchungs-Zeit-Funktion haben wir die von *Slattenschek*, *Tauffkirchen* und *Türk* [15] im Fallmaschinenversuch aufgenommene Kraft-Zeit-Kurve eines Autosicherheitsgurtes (Bild 4a) gewählt. Die *Fourier*-Analyse führten wir für den 0,057 s dauernden Zugkraft-Impuls mit unterschiedlichen Tastverhältnissen durch. Nach Umrechnung der mit Hilfe der *Fourier*-Analyse ermittelten Amplitudenspektren erhielten wir die in Bild 4b ausgezogen dargestellte Beanspruchungs-Amplitudendichte $\hat{F}/\Delta\omega$.

Es entsteht nun die Frage, bei welcher Zugkraft der Beanspruchungsbereich abzugrenzen ist. Dazu ist zunächst zu entscheiden, ob ein Puls oder ein Impuls als Testbeanspruchung verwendet werden soll. Da die praktische Beanspruchung einen Zugkraft-Impuls darstellt, liegt es nahe, als Testfunktion ebenfalls einen Zugkraft-Impuls anzuwenden. Wählt man eine exponentielle Anstiegsfunktion als reale Kraft-Sprungfunktion mit einer Sprunghöhe von 2100 kp und einer Anstiegszeit von 4 ms, so ergibt sich dafür die in Bild 4b gestrichelt dargestellte Amplitudendichte. Es zeigt sich dabei, daß die Sprunghöhe durch die Amplitudendichte bei etwa 7 Hz bedingt ist. Bei allen anderen Beanspruchungs-Frequenzen übersteigt die Beanspruchungs-Amplitudendichte des Testsprunges die der praktischen Beanspruchung, so daß der Beanspruchungsbereich in bezug auf die Zugkraft unter den genannten Bedingungen mit einer Sprunghöhe von 2100 kp abgegrenzt wird.

Abschließend läßt sich sagen, daß für periodische Beanspruchungs-Zeit-Funktionen das Amplitudenspektrum, für nichtperiodische dagegen die Amplitudendichte geeignete Beschreibungsformen für die Beanspruchung darstellen.

4. Literatur

[1] *Cooley, J. W.*, und *Tukey, J. W.*: An algorithm for the machine calculation of complex Fourier series. Mathematics of Computation **19** (1965) 4, S. 297—301.

[2] *Daniel, J. M.*: Theoretical Stress Analysis. S. 297—377. In: *W. E. Brown*: Testing of Polymers. Vol. 4. New York/London/Sydney/Toronto: Interscience Publishers 1969.

[3] *Fourier, J.-B. J. de*: Theorie analytique de la chaleur. 1822. Transl. New York: Dover Publ. XXIII (1955).

[4] *Greuel, O.*: Mathematische Ergänzungen und Aufgaben für Elektrotechniker. 5. Aufl., Leipzig: Fachbuchverlag 1970.

[5] *Grimminger, H.*: Der schnelle Zerreißversuch zur Erforschung von Kunststoffen unter zerstörender Grenzbeanspruchung. Materialprüfung **6** (1964) 10, S. 347—355.

[6] *Grimminger, H.*, und *Jacobshagen, E.*: Der einachsige Zugversuch an Folien bei höheren Dehngeschwindigkeiten. Materialprüfung **6** (1964) 3, S. 86—94.

[7] *Hudson, J. O.*: Cyclic tension variations on bearded needle warp knitting machines. Textiles Inst. Ind. **6** (1968) 5, S. 117—119.

[8] *Kern, W. F.*: Über Verformungsmessungen an Kraftfahrzeugreifen mittels spezieller Dehnungsgeber. Automobiltechn. Z. **63** (1961) 2, S. 33—41.

[9] *Kraak, W.*, und *Weißing, H.*: Schallpegelmeßtechnik. Berlin: Verlag Technik 1970.

[10] *Kremer, H.*: Praktische Berechnung des Spektrums mit der schnellen Fourier-Transformation. Elektronische Datenverarbeitung **6** (1969) 6, S. 281—284.

[11] *Lenk, A.*: Elektromechanische Systeme. Band 1: Systeme mit konzentrierten Parametern. Berlin: Verlag Technik 1971.

[12] *Nakatani, M.*, *Iijima, K.*, *Suganuma, A.*, und *Kawai, H.*: Linear viscoelastic properties of partly to completely formylated poly(vinylalcohols). J. Macromol. Sci. Phys. **B2** (1968) 1, S. 55—87.

[13] *Retting, W.*: Zeit- und Temperaturabhängigkeiten der Elastizitätsmoduln von Thermoplasten. Gummi, Asbest, Kunststoffe **23** (1970) 9, S. 974, 976, 978, 980, 982.

[14] *Selenew, Ju. W.*, und *Kardanow, Ch. K.*: Zur Beschreibung der mechanischen Relaxationseigenschaften von polymeren Konstruktionswerkstoffen. Plaste u. Kautschuk **19** (1972) 9, S. 671—675.

[15] *Slattenschek, A.*, *Tauffkirchen, W.*, und *Türk, H.*: Untersuchung und Prüfung des Autosicherheitsgurtes bei unfallmäßiger Beanspruchung mit Hilfe des Fallmaschinenversuchs. Materialprüfung **8** (1966) 1, S. 19—30.

[16] *Soen, T.*, *Ono, T.*, *Yamashita, K.*, und *Kawai, H.*: Domain structure and viscoelastic properties of graft

copolymers. II. Mechanical relaxation behavior of a graft copolymer of poly(methylacrylate) with styrene. Kolloid-Z. u. Z. Polymere **250** (1972) 5, S. 459—470.
[17] *Sommer, H.*, und *Winkler, F.*: Handbuch der Werkstoff-Prüfung. 5. Band. Die Prüfung der Textilien. Berlin/Göttingen/Heidelberg: Springer 1960.
[18] *Staverman, A. J.*, und *Schwarzl, F.*: Linear Deformation Behaviour of High Polymers. 1. Kap., § 1—7, S. 1—95. In: *H. A. Stuart:* Die Physik der Hochpolymeren. 4. Band. Theorie und molekulare Deutung technologischer Eigenschaften von hochpolymeren Werkstoffen. Berlin/Göttingen/Heidelberg: Springer 1956.
[19] *Strobel, H.*: Systemanalyse mit determinierten Testsignalen. 1. Aufl., Berlin: Verlag Technik 1968.
[20] *Terebesi, P.*: Rechenschablonen für harmonische Analyse. Berlin 1930.
[21] *Unbehauen, R.*: Systemtheorie. Berlin: Akademie-Verlag 1969.
[22] *Walter, J. D.*: A tirecord tension transducer. Textile Res. J. **39** (1969) 2, S. 191—196.
[23] *Wegener, W.*: Festigkeits- und Formänderungseigenschaften. Kap. IX. In: *H. Sommer* und *F. Winkler*: [17].
[24] *Weissert, F. C.*: The high speed testing of elastomers. Kautschuk u. Gummi, Kunststoffe **25** (1972) 12, S. 571—577.
[25] *Winkler, F.*: Systematik der dynamischen Prüfverfahren hochpolymerer Festkörper, insbesondere Textilien. Ein Beitrag zu ihrer Normung. Dissertation TH Dresden 1958.
[26] *Winkler, F.*: Systematik der dynamischen Prüfverfahren für hochpolymere Festkörper. I. Dauerwechselzugprüfung von Textilien. Faserforsch. u. Textiltechnik **9** (1958) 3, S. 109—117.
[27] *Zipperer, L.*: Tafeln zur harmonischen Analyse periodischer Kurven. Berlin 1922.

Eingegangen am 24. April 1974

Über den Einsatz von Polymeren in der Heterogen- und Homogenkatalyse

Fortschrittsbericht. Teil 1

Wladimir Dawydoff

Akademie der Wissenschaften der DDR, Institut für Polymerenchemie in Teltow-Seehof

DK 678.6/.7:66.001.8:541.128(047.1):541.572.54:541.571.35

In dem 1. Teil wird eine Übersicht über katalytische Eigenschaften von Polychelaten (einschließlich Polyphthalocyanine) sowie polykonjugierten Polymeren, darunter Pyropolymeren, gegeben. Geschildert werden auch ihre Applikationsbereiche bzw. Möglichkeiten ihrer praktischen Anwendung.
Die Angaben wurden anhand von in den letzten 8 bis 12 Jahren in verschiedenen Fachzeitschriften erschienenen Veröffentlichungen zusammengefaßt und bearbeitet.

О применении полимеров в гетерогенном и гомогенном катализе. Часть I-ая.

В первой части дается обзор каталитических свойств полихелатов (включая полифталоцианины) и полимеров с системами сопряженных связей, в том числе пирополимеров. Описываются также их области применения и возможности практического использования.
Данные собраны из опубликований, появившихся за последние 8—12 лет в научной литературе.

Application of Polymers in the Heterogeneous and Homogeneous Catalysis. Part 1.

In the first part the catalytic properties of polychelates including polyphthalocyanines as well as of polyconjugated polymers and pyropolymers are surveyed and their application is described on the basis of data published in various chemical journals within the past 8 to 12 years.

Vorwort

Das Ziel der vorliegenden Arbeit bestand in der Gewinnung eines Überblickes über die aus der Literatur bekannten, z. T. auch eine praktische Bedeutung erlangt habenden polymeren Katalysatoren nicht-biochemischer Natur. Geschildert werden die Charakterisierung solcher Katalysatoren, ihre Applikationsbereiche (im halbtechnischen oder technischen Maßstab), ferner die Beziehungen zwischen der Struktur, den physikalischen und den katalytischen Eigenschaften und in einigen Fällen auch der Wirkungsmechanismus der Katalyse. Berücksichtigt wurden die in den letzten 8 bis 12 Jahren (bis einschließlich 1. 7. 1973) in verschiedenen Fachzeitschriften erschienenen Veröffentlichungen. Dabei wurde der Vollständigkeit der Erfassung von sowjetischen Beiträgen besondere Beachtung geschenkt. Die japanischen Beiträge konnten nur so weit ausgewertet werden, als uns die Veröffentlichungen oder Referate in englischer, deutscher oder russischer Sprache zur Verfügung standen.

Auf die Anwendung von Polymeren als *Träger* wird hier nicht eingegangen, es sei denn, daß sie auch als eine katalytisch wirkende Komponente (z. B. in Form eines unstabilen Komplexes) wirken. Auf die Anwendung von Polymeren als Matrix bei den Polymerisationsvorgängen oder als „Anker" wird nur kurz eingegangen.

1. Einleitung

In der vorliegenden Arbeit wird auf die katalytischen Eigenschaften von organischen, meistens synthetischen Polymeren verschiedener chemischer Struktur, sowie auf die Möglichkeiten ihrer Anwendung in der Praxis eingegangen. Nicht miterfaßt werden Biopolymere, „elementorganische" und anorganische Polymere. Dabei wurde versucht, die in den letzten 8 bis 12 Jahren erzielten Erkenntnisse zu systematisieren und zu interpretieren.

In bezug auf die Systematisierung könnten verschiedene Aspekte in Frage kommen, so z. B. die Unterteilung in katalytische Vorgänge in heterogener und in homogener Phase oder die Abhängigkeit der katalytischen Aktivität eines Polymeren von seinen physikochemischen oder physikalischen Eigenschaften oder in bezug auf die Richtung der katalytischen Aktivität (Oxydation, Reduktion, Hydratation, Dehydratation, Hydrolyse, Initiierung von Polymerisationsvorgängen usw.).

Angesichts der Tatsache, daß

1. verschiedene katalytisch aktive Polymere je nach den Einsatzbedingungen öfters recht mannigfaltig wirken können,
2. es nicht immer leicht festgestellt werden kann, ob sich die Katalyse in einer homogenen oder in heterogener Phase vollzieht, und
3. die Existenz einer nachweisbaren Korrelation zwischen den Halbleiter- oder anderen Eigenschaften und der katalytischen Aktivität nicht immer bestätigt werden kann,

wurde vorgezogen, die Unterteilung von katalytisch aktiven Polymeren nach ihren Strukturmerkmalen vorzunehmen. Diese Unterteilung ist weitgehend konventionell, zumal es sehr viele Grenzfälle gibt, bei denen eine deutliche Abgrenzung nach dem obigen Prinzip nur schwer oder sogar kaum möglich ist. Unter diesem Vorbehalt wird das gesammelte und ausgewertete Material folgendermaßen gegliedert:

a) Polychelate,
b) Polykonjugierte Systeme und cyclische Pyropolymere,
c) Ionenaustauscherharze,
d) Lösliche Lewis-Säuren als Analoga von Ionenaustauschern,
e) Künstliche Fermente (Polyvinylimidazole, Polyvinylpyridine, Polyimine usw.),
f) Matrizen, Anker, Einschlußverbindungen, Träger (nur begrenzt).

Größere, alle oben erwähnten Polymerklassen umfassende, dem aktuellen Stand entsprechende Monographien oder Übersichten standen uns nicht zur Verfügung. Hier seien nur drei kleinere Übersichten [1, 2, 3] erwähnt, in denen auf mehrere Klassen eingegangen wird. Die japanischen Übersichtsbeiträge (s. z. B. [4]) standen uns nicht zur Verfügung. Auf die den einzelnen Polymerklassen gewidmeten Übersichten wird jeweils in den entsprechenden Kapiteln hingewiesen.

2. *Polychelate*

Polychelate, darunter auch Polyphthalocyanine und chelatisierte Polyaminosäuren bzw. Polyvinylpyridine, stellen milde, manchmal deutlich selektive Katalysatoren für verschiedene Oxydations-, Dehydrierungs-, Dehydrations- und noch weitere Vorgänge dar. Über ihre praktische Anwendung liegen keine konkreten Angaben vor. Vorgeschlagen wurden sie u. a. als Katalysatoren bei der Herstellung von Cumolperoxid, sowie für die Entschwefelung von Erdöl bzw. Erdölprodukten.

2.1. *Übersichtsartikel über Polychelate*

H.-W. Krause [5], *Roginskij, S. Z.*, und *Sacharov, M. M.* [6], *Davydova, S. L., Platé, N. A.*, und *Kargin, V. A.* [2], *Boreskov, G. K.* [7], *Roginskij, S. Z., Berlin, A. A.*, und *Sacharov, M. M.* [8];

Kejer, N. P., Alikina, G. M., und *Troickaja, M. G.* [9], *Hanke, W.* [10], *Dabrowski, R.* [11], *Angulescu, A.* [12], *Kejer, N. P.* [13].

2.2. *Allgemeine Hinweise*

Die Untersuchung der katalytischen Eigenschaften von Polychelaten wurde in den letzten 12 Jahren vor allem in der UdSSR und in Japan durchgeführt. Japanische Forscher befaßten sich vorwiegend mit Polyphthalocyaninen sowie mit Cu-Komplexen von synthetischen Polyaminosäuren (Poly-L-lysin, Poly-L-histidin). In den letzten Jahren erschienen sowjetische, amerikanische und japanische Arbeiten über die katalytischen Eigenschaften von Cu-Komplexen des Poly-4-vinylpyridins bzw. seiner Derivate. Auf diese Verbindungen wird zweckmäßigerweise in dem, den „Künstlichen Fermenten" gewidmeten Kapitel eingegangen.

2.3. *Zur katalytischen Aktivität von Polychelaten*

Bei den Untersuchungen auf dem Gebiet der Biokatalyse wurde festgestellt, daß die Aktivität von die Oxydationsvorgänge katalysierenden Fermenten mit dem Vorliegen von chelatartig gebundenen Metallen zusammenhängt. Später hat sich herausgestellt, daß auch synthetische polymere Chelate unter bestimmten Bedingungen aktive, oft selektive Katalysatoren darstellen. Die weitere Forschung erfolgt unter zwei Aspekten. Einmal wurden Polychelate als „künstliche Fermente" betrachtet, mit deren Hilfe neue, für die Biochemie wichtige Erkenntnisse gewonnen werden könnten. Zum anderen wurde versucht, Polychelate als übliche Katalysatoren für präparative, möglicherweise auch technische Zwecke zu verwenden.

Nach der Meinung vieler Autoren hängt die katalytische Aktivität von Polychelaten mit ihren elektrischen oder genauer Halbleiter-Eigenschaften zusammen. Andererseits konnte bis jetzt keine eindeutige Korrelation zwischen der Leitfähigkeit (bzw. ihrer Aktivierungsenergie) einerseits und der katalytischen Aktivität von Polychelaten andererseits nachgewiesen werden. So kamen *Kejer* u. Mitarb. auf Grund ihrer vergleichenden Versuche unter Anwendung von Polychelaten verschiedener Struktur [14, 15, 16] zu der Schlußfolgerung, daß die katalytische Aktivität von Polychelaten nicht durch ihre Halbleiter-Eigenschaften, sondern durch den Elektronenzustand des als Chelat gebundenen Metalls bestimmt werden. Zur Bekräftigung dieses Standpunktes wurden röntgenographische, ESR-spektroskopische und andere Untersuchungen an mehreren Polychelaten und parallel an monomeren Analogen durchgeführt [17 bis 25]. Andererseits wurde in [26] gefunden, daß nicht nur die Metallatome, sondern auch andere, d. h. nicht-metallische Polychelatkomponenten als aktive Zentren fungieren können.

Kejer und *Boreskov* [27] fanden, daß die katalytische Aktivität von Polychelaten im allgemeinen um eine Größenordnung über der Aktivität ihrer monomeren Analogen liegt. Ihrer Ansicht nach nehmen Polychelate in bezug auf ihre Aktivität eine Zwischenstellung zwischen Fermenten und anorganischen Katalysatoren ein.

Die Beständigkeit einiger Polychelate wurde in [28] untersucht.

2.4. *Oxydationsvorgänge*

Kejer u. Mitarb. [9, 14, 15, 16] haben bei ihren Untersuchungen mehrere Polychelate vom Typ:

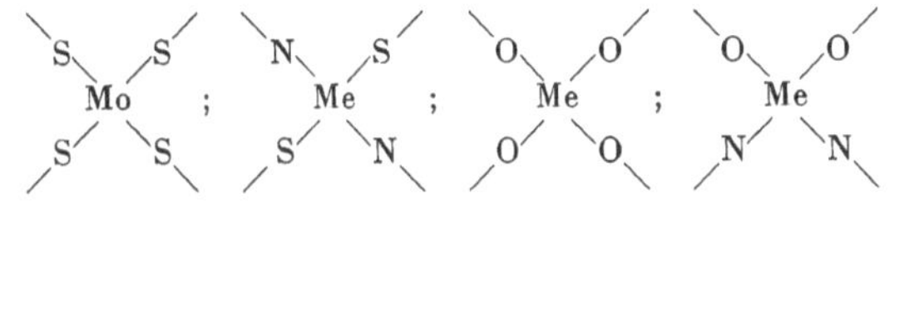

Me = Cu, Ni, Fe, Pd, Co, Zn, Cd, Mn usw. benutzt. Bei Versuchen mit Polychelaten als Oxydationskatalysatoren wurden vor allem Polychelate auf der Basis von bis-Thiamiden des Chinaldins bzw. von Thiopicolinsäureaniliden eingesetzt. Untersucht wurde die Oxydation von Cumol [9, 29, 30, 31], von Äthylbenzol [29], Acetophenon [31], Dimethylphenylcarbinol [31], Cystein [32] usw. Bei allen diesen Versuchen erwiesen sich die Cu-Polychelate als am meisten aktiv, während Polychelate des Mn weniger und Polychelate des Nickels oder Cadmiums nur schwach aktiv sind. In [29, 30] wurde das eingesetzte Cu-Polychelat auf der Basis von Thiopicolinsäureanilid auch auf γ-Al_2O_3 aufgetragen.

Von *Nechtschein* [33] stammt ein Patent über die Anwendung von Polychelaten als Oxydationskatalysatoren bei der Entschwefelung von Erdöl und Erdölprodukten.

Kargin u. Mitarb. [34, 35] untersuchten die Oxidase- und Katalasewirkung einiger Polychelate auf der Basis von Poly-β-ketoestern und Cu, Ni, Mn, Co, Fe, z. B. von chelatartigen Komplexverbindungen:

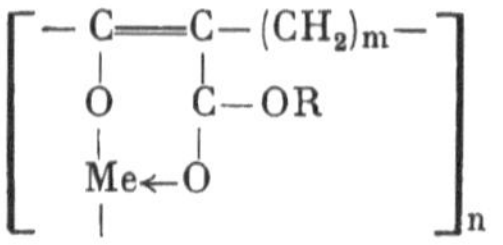

n = 12 bis 18
Me = Co, Mn, Fe, Ni, Cu
R = C_2H_5

Bei der Oxydation von Ascorbinsäure erwiesen sich wiederum die Cu-Polychelate als am stärksten aktiv.

Die katalytische Aktivität von Polychelaten auf der Basis von Poly-β-ketosäuren und Cu^{++} bei der Oxydation von Ascorbinsäure wurde auch von *Hatano* u. Mitarb. [36] untersucht.

Eine große Anzahl der Arbeiten ist den Polyphthalocyaninen als Oxydationskatalysatoren gewidmet. Die katalytische Aktivität von monomeren Phthalocaryninen ist schon lange bekannt (s. z. B. *H. Kropf* u. Mitarb.).

Eine gute Übersicht über die katalytische Aktivität von Polyphthalocyaninen wird in [37] gegeben, s. a. [5, 6, 10, 11]. In [37] werden auch einige theoretische Überlegungen angeführt. Eine besonders hohe katalytische Aktivität wies ein Cu-Polyphthalocyanin auf der Basis von Pyromellithsäure auf [38]. *Roginskij* u. Mitarb. untersuchten die Wirkung von Polyphthalocyaninen auf der Basis von Pyromellithsäure am Beispiel zweier Proben. Der erste Katalysator wurde in Gegenwart von Ammoniummolybdat, der zweite ohne Zusätze hergestellte wies eine größere spez. Oberfläche auf. Bei der Oxydation von Cumol erwies sich der erste Katalysator als am meisten aktiv. Beide Katalysatoren waren aktiver als das monomere Chelat.

Die Oxydation von Cumol unter Anwendung verschiedener Polyphthalocyanine (Me = Cu, Co, Mn, Fe, Cr) wurde auch von *Hara* u. Mitarb. [40, 41], ferner von *Berezin* u. Mitarb. [42] (Me = Ru, Os) untersucht. *Inone* u. Mitarb. [43 bis 46] untersuchten die Oxydation von Cumol, Cyclohexen, verschiedenen Acetaten, Aldehyden und Acetalen in Gegenwart von gemischten Cu-Fe-Polyphthalocyaninen auf der Basis von 1,2,4, 5-Tetracyanobenzol bei 30°C unter Anwendung verschiedener Cu-Fe- oder auch Mo-Fe-Verhältnisse.

Von *Bronstein* und *Kerr* [47] stammt ein Patent über die Anwendung von mit heterocyclischen Aminen promotiertem Cu-Polyphthalocyanin für die Herstellung von Cumolhydroperoxid.

Hatano u. Mitarb. [48 bis 53] befaßten sich mit der katalytischen Aktivität von Cu-Chelaten des Poly-L-lysins bzw. Poly-L-histidin. *Pecht* u. Mitarb. [54 bis 56] untersuchten ebenfalls die Oxydation von Ascorbinsäure mit Poly-L-histidin-Chelaten.

2.5. *Zersetzung von H_2O_2, Hydrazin usw.*

Die katalytische Aktivität von Polychelaten wurde in erster Linie nicht am Beispiel von Oxydationsvorgängen, sondern am Beispiel der Zersetzung solcher Standardsubstrate wie H_2O_2, N_2H_4, HCOOH usw. bzw. am Beispiel der Dehydratisierung von niederen Alkoholen oder der Reduktion von Stickstoffoxiden untersucht [6, 8, 9, 14, 15, 16, 36, 38, 57 bis 66].

Bei diesen Untersuchungen kam die hohe Wirksamkeit von Cu-Polychelaten wieder zum Ausdruck. In [60] wurde beim Abbau von NH_2-NH_2 gefunden, daß die Aktivität von Polychelaten auf der Basis von Thioamiden bzw. Polythioamiden der Pyridinreihe um zwei Größenordnungen höher ist als die von anorganischen Cu-Halbleitern.

Mit der Untersuchung der katalytischen Aktivität von Polychelaten auf der Basis von Polyhydroxamsäuren befaßten sich vor allem *Hatano* u. Mitarb. [62 bis 66].

2.6. *Hydrolyse und Esterolyse*

Bei ihren Untersuchungen über das fermentähnliche Verhalten von Cu-Poly-L-lysin-Chelaten befaßten sich *Hatano* u. Mitarb. auch mit der asymmetrischen Hydrolyse von Phenylalaninestern [67, 68, 69]. Noch früher haben *Morigushi* u. Mitarb. [70, 71] die Hydrolyse von Phosphorsäureestern in Gegenwart der obigen Chelate bzw. Mg-Poly-α-L-glutamat-Komplex durchgeführt.

2.7. *Initiierung von Polymerisationsvorgängen*

Slinkin u. a. [72], *Gardlund* u. Mitarb. [73], *Kargin* u. Mitarb. [35], *Inaki* u. Mitarb. [74] und *Bartoń* u. Mitarb. [75] weisen auf die Eignung einiger Polychelate für die Initiierung der Polymerisation von Vinylpolymeren (vor allem Styrol) hin. Als Polychelate dienten solche auf der Basis von Poly-β-ketoestern und Co, Mn, Ni, Cr (die auch die Polymerisation von Butadien initiieren [76]), ferner Chelate des Poly-N-methyl-N-(4'-salicylidenanilin)acrylamids sowie Polyvinylaminchelate [74]. Obgleich nach früheren Angaben von *Teyssié* u. Mitarb. [77] Polyvinylaminchelate keine katalytischen Eigenschaften besitzen, zeigen sie sogar eine höhere und spezifischere Aktivität im Vergleich zu den entsprechenden monomeren Chelaten und erwiesen sich auch bei der Polymerisation von Acrylnitril wirksam.

Beispiel 1 [72]. 22 g reines Styrol bzw. Styrol in Toluol (1:1) wurden mit 0,1 g eines pulvrigen Polychelates auf

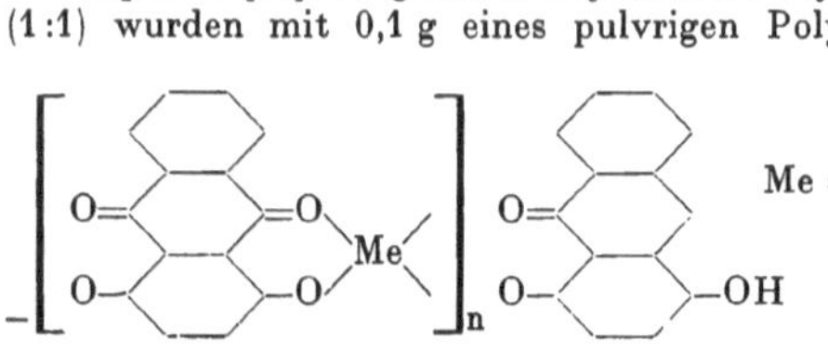

Me = Cu, Mn, Ni, Zn, Co

77 °C unter starkem Rühren erhitzt. Die Ausbeute an Polystyrol betrug bei Anwendung von Cu, 0,018 g/h im Falle der Lösung und 0,067 g/h ohne Lösung; bei Mn 0,017 bzw. 0,047; bei Ni 0,016 bzw. 0,030; bei Zn 0,008 bzw. 0,020.

Die Co-Chelate erwiesen sich als nur wenig aktiv.

Beispiel 2 [76]. 8 h Polymerisation von in Benzol gelöstem Butadien bei 100 °C in Gegenwart eines Polychelates vom Typ:

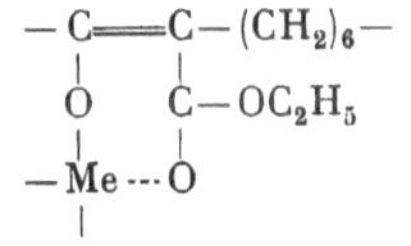

Me = Mn, Co, Cr, Ni

führte zu folgenden Ausbeuten:

Bei 0,5% Mn-Chelat 17,5% d.Th.
bei 3,0% Mn-Chelat 86,5% d.Th. (Pfropfungsgrad 0,80)
bei 3,0% Co-Chelat 40 bis 50% d.Th.
(Pfropfungsgrad 0,93)

Bei Me = Cr und Ni war die Ausbeute nur gering.

3. *Polykonjugierte Systeme und cyclische Pyropolymere*

Lineare polykonjugierte Polymere wurden vor allem in bezug auf ihre katalytischen Eigenschaften bei den Dehydrierungs- und Dehydratationsvorgängen, ferner in bezug auf ihre inhibierende Wirkung untersucht. Einige dieser Polymeren initiieren die Polymerisation von Vinylmonomeren oder stellen milde Oxydationskatalysatoren dar. Polyvinylketone und polymere Chinone sowie bestimmte Polyferrocene stellen ebenfalls aktive Dehydrierungs- bzw. Dehydrations- und milde Oxydationskatalysatoren dar.

Technisch interessant wäre die Herstellung von Isopren aus Dimethylvinylcarbinol und von Cumolhydroperoxid aus Cumol. Oligoarylene stellen u. U. hochaktive Inhibitoren und Antioxydationsmittel dar.

Das pyrolysierte PVY katalysiert verschiedene Isomerisierungs-, Dehydrierungs-, Dehydratations- und Oxydationsvorgänge, erlangte aber bis jetzt keine technische Bedeutung (schnelle Desaktivierung).

Übersichtsartikel

Pauškin, Ja. M., u. a. [78, 37], *Hanke, W.* [10], *Berlin, A. A.*, u. a. [79], *Dabronski, R.* [80], *Krause, H.-W.* [5], *Roginskij, S. Z.*, und *Sacharov, M. M.* [6].

3.1. *Allgemeine Hinweise*

In diesem Kapitel wird das gesammelte Material zunächst in zwei große Gruppen unterteilt, wobei selbstverständlich keine scharfe Trennung gezogen werden kann. In der ersten Gruppe werden lineare Polymere mit einem stark entwickelten System von konjugierten Doppel- bzw. Acetylenbindungen, sowohl aliphatischer als aromatischer Natur, ferner Oligoarylene und schließlich auch Redoxpolymere zusammengefaßt. Bei den Redoxpolymeren wird den Polyferrocenen die größte Beachtung geschenkt, während andere nur flüchtig erwähnt werden.

In der zweiten Gruppe werden heterocyclische Pyropolymere, vor allem pyrolysiertes Polyacrylnitril, zusammengefaßt.

3.2. *Zur katalytischen Aktivität*

Aus den angeführten Übersichtsbeiträgen kann entnommen werden, daß zwischen der katalytischen Aktivität von Halbleiter-Polymeren und ihren elektrischen und magnetischen Eigenschaften ein bestimmter Zusammenhang besteht. In einigen Fällen konnte tatsächlich eine direkte Korrelation zwischen der katalytischen Aktivität und der Intensität von ESR-Signalen festgestellt werden, in anderen Fällen erweisen sich diese Beziehungen als komplizierter. Wahrscheinlich stellen die Halbleiter-Eigenschaften eine erforderliche, jedoch nicht die einzige Voraussetzung für die katalytische Aktivität dar.

Der Theorie der katalytischen Aktivität von Halbleiter-Polymeren sind zahlreiche Arbeiten gewidmet. An dieser Stelle seien nur einige erwähnt, die im Rahmen der vorliegenden Studie besonders wichtig oder aktuell sind. Hierzu gehören die Beiträge von *Kuznecov* [81, 82], *Kejer* [83], *Gallard* u. Mitarb. [84, 85], *Berlin* u. Mitarb. [79, 86 bis 91] sowie *Pauškin*, u. Mitarb. [37, 78, 92].

Konkret mit der Theorie von polymeren Halbleiter-Katalysatoren befassen sich die Beiträge von *Gallard* u. Mitarb., *Berlin* u. Mitarb. sowie *Pauškin* u. Mitarb. Der erstgenannte Autorenkreis stellte anhand einiger Versuche die Existenz eines Zusammenhanges zwischen der katalytischen Aktivität und der Konzentration an paramagnetischen Zentren fest. Mit der Rolle von paramagnetischen Zentren (PMZ) befaßten sich auch die sowjetischen Autoren, wobei an dieser Stelle nur auf einige Arbeiten von *Berlin* u. Mitarb. eingegangen wird[1]).

Im Jahre 1962 wurde von *Berlin* u. Mitarb. festgestellt, daß paramagnetische Teilchen in polykonjugierten Polymeren die Reaktionsfähigkeit dieser Polymeren in bezug auf die Bildung von Komplexverbindungen mit diamagnetischen Molekülen günstig beeinflussen bzw. aktivieren. Dieser „Effekt der lokalen Aktivierung" wurde dann in bezug auf verschiedene Katalyse- und Inhibitionsvorgänge vielseitig untersucht und bei der Deutung von Reaktionsmechanismen mit herangezogen.

Schließlich untersuchte *Pauškin* die Zusammenhänge zwischen der katalytischen Aktivität von polymeren Halbleitern und der Konzentration von ungepaarten Spins sowie der Elektronen- und Lochleitfähigkeit. Hingewiesen sei ferner auf das Buch von *F. Gutmann* und *L. E. Lyons*: Organic Semiconductors, New York/London/Sidney, Wiley & Sons, 1967. Allerdings werden in diesem Werk die Fragen der katalytischen Aktivität nur kurz behandelt.

Was die Polymeren des Ferrocens, die weder konjugierte Bindungen noch ungepaarte Elektronen enthalten, betrifft, so bestand ursprünglich die Meinung, daß sie die für die Halbleiter-Katalysatoren charakteristischen Reaktionen (z. B. Dehydrierung oder Dehydratation von Alkoholen) nicht katalysieren, was sich aber in vielen Fällen als unrichtig erwiesen hat. In der Tat stellen diese Polyferrocene Redoxpolymere (Redoxite) dar, bei welchen die Geschwindigkeit des Elektronenaustausches sehr hoch ist. Aus diesem Grund können sie in bezug auf ihre katalytischen Eigenschaften den Halbleiter-Polymeren zugerechnet werden [78].

[1]) Angesichts einer sehr großen Anzahl der von *Berlin* und seinem Arbeitskreis herausgegebenen Veröffentlichungen, werden hier und weiter nur die wichtigsten erwähnt bzw. besprochen.

Dasselbe gilt auch für die Beiträge von *Pauškin* u. Mitarb.

3.3. *Lineare polykonjugierte Systeme, Oligoarylene, Polyferrocene*

3.3.1. *Polyacetylene*

Unter den Polyacetylenen wurde dem Polyphenylacetylen besondere Beachtung geschenkt. Genauer gesagt, handelt es sich dabei um verschiedene Polyphenylacetylene, deren Struktur und katalytische Eigenschaften in weitem Maße von den Herstellungsbedingungen bzw. der Nachbehandlung oder auch von Zusätzen abhängig sind. Verschiedene Herstellungsverfahren und Eigenschaften von Polyphenylacetylenen werden in [78, 93, 94, 95] beschrieben. In [96] werden die Synthesen und elektrophysikalischen Eigenschaften von Phenylacetylen/Nitrilacetylen-Copolymeren, Polybuthoxyacetylen sowie Polypropargylalkohol geschildert.

Die Aktivität von linearen polykonjugierten Polymeren wurde im allgemeinen am Beispiel von H-D-Austausch, ortho-para-Wasserstoff-Umwandlungen, cis-trans-Isomerisation, Abbau von Alkoholen, Hydrazin, HCOOH sowie Initiierung bzw. Inhibierung von Kettenreaktionen untersucht.

Für Polyphenylacetylen konnte die katalytische Wirkung bei der cis-trans-Isomerisation von Dimethylmaleinat [97], Dehydratation bzw. Dehydrierung von verschiedenen Alkoholen [78, 98 bis 103] und Initiierung der Polymerisation von verschiedenen Vinylmonomeren [94, 95] nachgewiesen werden.

Besonders eingehend untersucht wurde die Spaltung von Alkoholen (Isopropanol, Amylalkohole, tert. Butanol usw.). Je nach den Arbeitsbedingungen dominieren entweder die Dehydratations- oder die Dehydrierungsvorgänge. Besondere Beachtung verdient die Dehydratation von Dimethylvinylcarbinol, die hochselektiv unter Bildung von Isopren verlaufen kann [78]. Der höchste Umsatz liegt bei ca. 70% der Theorie (bei 300 °C).

Die Polymerisationsversuche mit Methylmethacrylat (MMA), Styrol, Acrylnitril usw. (*Berlin* u. Mitarb.) haben gezeigt, daß Polyphenylacetylen eine schwache initiierende Wirkung besitzt. So wurde die Polymerisation von MMA unter Anwendung von acht Polyphenylacetylenproben verschiedener Herstellungsart bei 50 bis 100 °C untersucht [94]. Die Ausbeute an PMMA wurde nicht angegeben. Über die katalytische Aktivität von Cu-Polyphenylacetylenid wird in [104] berichtet. Es handelt sich um die Oxydation von Thionin, Hydrochinon und Fe^{++}-Salzen.

Auf die katalytische Aktivierung von Poly-p-diäthinylbenzol wird in [105, 106, 107] eingegangen. Untersucht wurden die H-D-Austauschreaktionen, die ortho-para-Umwandlung von Wasserstoff sowie verschiedene Dehydratationsvorgänge.

Eine Anzahl der Arbeiten auf dem Gebiet von Polyacetylenen befaßt sich mit ihrer inhibierenden Wirkung (negative Katalyse). Während in [108, 109] auf die theoretischen Fragen dieser Wirkung eingegangen wird, wobei in [109] auch die Modifizierung von Hochpolymeren (z. B. Polypropylen) besprochen wird, wird in [110 bis 114] über die Inhibierung der Oxydation verschiedener aliphatischer oder aromatischer Kohlenwasserstoffe bzw. Phthalsäureester und in [115] über die Stabilisierung von PVC (in bezug auf die Dehydrochlorierung) berichtet. Ferner wurden entsprechende Versuche unter Anwendung von Copolymeren des Phenylacetylens, z. B. mit p-Diäthinylbenzol, ferner unter Anwendung von Polyphenylen als Inhibitor durchgeführt. Kürzlich wurde von *Berlin* u. Mitarb. auch die inhibierende Wirkung von Poly-2-methyl-5-äthinylpyridin bei der Thermooxydation von vernetzten Polyestermethacrylaten [116] bzw. bei der Oxydation von Cumol [117] untersucht.

3.3.2. *Lineare Polyene*

Untersucht wurden die katalytischen Eigenschaften von durch Dehydrochlorierung von PVC [100, 118, 119] bzw. Polyvinylidenchlorid [120] hergestellten Polyvinylenen, und zwar in bezug auf die Spaltung von NH_2-NH_2, H_2O_2, HCOOH, die Dehydratation von Diacetonalkohol bzw. Isopropanol und die Dehydrochlorierung von 1,3-Dichlorbutan. Als besonders aktiv erwiesen sich die bei sehr hohen Temperaturen hergestellten Katalysatoren. In [118] konnte bei der Spaltung von NH_2-NH_2, HCOOH und H_2O_2 (bei 100 °C) keine Korrelation zwischen der katalytischen Aktivität, der Elektroleitfähigkeit und der Konzentration an paramagnetischen Teilchen nachgewiesen werden (s. auch [78, 79]).

In [121] wird die inhibierende Wirkung von mit Sauerstoff aktivierten Polymethylvinylen bei der thermischen Polymerisation beschrieben. Das dabei beobachtete Fehlen einer Korrelation zwischen den inhibierenden und den elektrischen Eigenschaften hängt nach Meinung der Autoren mit der bestimmenden Rolle der Oberflächeneigenschaften zusammen.

Polyphenylene können ebenfalls sowohl als Katalysatoren als auch als Inhibitoren wirken. Einerseits verkürzen sie die Induktionsperiode bei der cis-trans-Isomerisation [97] bzw. initiieren die Polymerisation und Copolymerisation von Tetracyanäthylen [122, 123], zum anderen wirken sie als Inhibitoren bei der Oxydation von Kohlenwasserstoffen, Polyolefinen, Phthalaten usw. [108, 109, 111, 124].

Ähnliches Verhalten wird auch bei Polyazophenylen bzw. anderen Polyazoarenen beobachtet. So erweist sich das Polyazophenylen bei der Isomerisation von Dimethylmaleinat als aktiv [97]; andererseits übt es eine stabilisierende Wirkung bei der Oxydation von Kohlenwasserstoffen, Polymeren usw. aus [108].

Beachtung verdient die Feststellung, daß Blockcopolymere auf der Basis von Polyazophenylen und Isopren/Styrol-Copolymeren stärkere inhibierende Wirkung bei den oxydativen Abbauvorgängen als das Homopolyazophenylen ausüben [125].

Kotljarevskij u. Mitarb. untersuchten die katalytische Wirkung von Polyazopolyarylenen [126, 127, 128] am Beispiel der Oxydation von Cumol. Unter aktiven Polyazopolyarylenen werden die auf der Basis von o-Diaziridin, Benzidin, Chrysoidin usw. erwähnt.

Beachtung verdienen die Arbeiten über das katalytische bzw. inhibitorische Verhalten von Polyphenylensulfiden. *Pauškin* u. Mitarb. berichten über die Inhibierung des thermischen Abbaues von vernetztem Polyäthylen durch Polyanilindisulfid und Poly-p-phenylendisulfid [129] und über die katalytische Aktivität von modifizierten Polyacrylendisulfiden bei der Spaltung von Diacetonalalkohol [130]. Eingesetzt wurden u. a. modifizierte Polyphenylensulfide bzw. Polyazophenylensulfide auf der Basis von S_2Cl_2 und verschiedenen Aminen bzw. Polycaprolactam.

Murano u. Mitarb. [131] untersuchten die ortho-para-Wasserstoff-Umwandlung in Gegenwart von Polytetrahalogenphenylsulfiden.

3.3.3. Oligoarylene

In der Literatur werden des öfteren verschiedene Bezeichnungen für die durch Polykondensation, Thermolyse oder auch andere Verfahren hergestellten cyclischen oligomeren Produkte gegeben. Man spricht z. B. von Oligoarylenen, Polyarylenen, Polyacenen usw. Da es sich meist um oligomere und nicht hochpolymere Produkte handelt (deren Struktur stark von den Herstellungsbedingungen abhängig ist), werden sie im Folgenden als „Oligoarylene" bezeichnet, und zwar mit Ausnahme von Polynaphthylen und Polyanthren, deren $\bar{P}$ höher sein kann. Alle in diesem Abschnitt zu erörternden Produkte zeichnen sich durch starke Ungesättigtkeit und Konjugation aus.

Die katalytische Wirkung von Polynaphthylen wurde von *Pauškin* u. Mitarb. [100, 132] am Beispiel der Zersetzung von Isopropanol bzw. Diacetonalkohol untersucht. Während bei Diacetonalkohol [100] eine Dehydratation unter Bildung von Mesityloxid (bis zu 99% d. Th.) stattfand, dominierte im Falle von Isopropanol [132] — im Gegensatz zu der Wirkung von Polyphonylen — der Dehydrierungsvorgang, wobei eine deutliche Korrelation zwischen der katalytischen Aktivität und den elektrophysikalischen und magnetischen Eigenschaften beobachtet wurde.

Ähnlich dem Polyphenylen initiiert auch Polyanthrylen die Polymerisation bzw. Copolymerisation von Tetracyanäthylen.

Berlin u. Mitarb. [133 bis 136] untersuchten eingehend die inhibierende Wirkung von bei der Thermolyse von Anthracen oder seiner Umsetzung mit Schwefel [134] erhaltenen Oligomeren bei dem thermischen Abbau von Ceretin, mehrkernigen aromatischen Kohlenwasserstoffen, Polyestern, Polyolefinen. Die stabilisierende Wirkung der mit Schwefel behandelten Antracen-Thermolysate erwies sich u. a. im Falle von Polycarbonaten [134] wesentlich effektiver als bei der Anwendung von üblichen Stabilisatoren.

In den letzten Jahren befaßte sich dieser Arbeitskreis mit Oligoarylenen im engsten Sinne dieses Wortes, und zwar mit niederen Oligomeren des Naphthalins oder Anthracens oder auch mit den durch gemeinsame kondensierende Oligomerisation von Naphthalin bzw. Anthracen mit Benzol erhaltenen Produkten [109, 137, 138, 139]. Diese Oligoarylene üben inhibierende Wirkung bei dem thermischen bzw. thermooxydativen Abbau von Hochpolymeren, darunter vernetzten Polyesteracrylaten, sowie bei der Oxydation von Cumol und anderen Kohlenwasserstoffen aus. Zu beachten ist [139], daß beim Zusetzen größerer Mengen an Oligoarylenen nicht die Inhibition, sondern die Katalyse der Thermooxydation beobachtet wird.

[2]) s. z. B. Dokl. Akad. Nauk SSSR (Ber. Akad. Wiss. UdSSR) **139** (1960) S. 609ff.

3.3.4. Konjugierte Polyketone

Die katalytische Aktivität von Polyvinylketonen wurde am Beispiel des thermisch nicht vorbehandelten bzw. vorbehandelten Polyvinylmethylketons [103, 105, 140] bei der ortho-para-Umwandlung von Wasserstoff sowie Spaltung von Ameisensäure (wobei keine Korrelation zwischen der Aktivität und der Leitfähigkeit des Katalysators festzustellen war) sowie von Isopropanol untersucht. Hingewiesen sei in diesem Zusammenhang auf frühere Untersuchungen von *Nesmejanov* u. Mitarb.[2]) über die katalytische Wirkung von Polymethyl-β-chlorvinylketon. Dieses zeigt sowohl eine dehydrierende und dehydratisierende Aktivität als auch eine hohe Wirksamkeit bei der Oxydation von Toluol zu Benzaldehyd bzw. Benzoesäure.

In [103] wurden bei der Untersuchung der Spaltung von HCOOH und Isopropanol auch andere Polyketone wie Polyvinylketon, Polyphenylketon oder Polyphenyläthinylketon untersucht. Es hat sich gezeigt, daß die beiden erstgenannten Polymere vorwiegend die Dehydrierungsvorgänge begünstigen, während das Dreifachbindungen enthaltende Polyphenyläthinylketon hauptsächlich wasserabspaltend wirkt. Nach [100] stellt Polyacetylaceton ebenfalls einen Dehydratationskatalysator dar.

3.3.5. Polymere Chinone

In diesem Abschnitt wird auf die umfangreichen Untersuchungen von *Manecke* u. Mitarb. über Polychinone (im Rahmen der Synthese und Anwendung von polymeren Redoxsystemen) äußerst kurz eingegangen, indem lediglich auf zwei ihrer Beiträge [141, 142] über die Wirkung von Polychinonen als Oxydations-, Reduktions-, Abbau- oder Stabilisierungsmittel hingewiesen wird. Hingewiesen sei ferner auf die Arbeiten von *Kun* [143, 144, 145] über die Synthese und Anwendung von Redoxharzen als milde Oxydationsmittel auf der Basis von Derivaten des Hydrochinons, des Anthrachinons bzw. Benzochinons und chlormethylierter Styrol/Butadien-Copolymerer als Ankerstoffe.

Katalytische Aktivität von mit verschiedenen Metallhalogeniden oder Alkalimetallen modifizierten Polynaphthochinonen wurde kürzlich von *Iwasawa* u. Mitarb. untersucht [146, 147]. Gezeigt wurde dabei die hohe katalytische Aktivität bei der Hydrierung von Propylen (bei 100 bis 200°C), trans-Isomerisation von Butylen und Dehydrierung von Ameisensäure, Cyclohexen, NH_3 und Alkoholen.

Dehydrierungs- und Dehydratationsversuche von Alkoholen (Äthanol, Isopropanol) in Gegenwart von Polyphthaleinen und Polysulfophthaleinen wurden von *Dabrowski* u. Mitarb. durchgeführt [148]. Über die Anwendung von Polysulfophenylenchinonen als Veresterungskatalysatoren und als Polymerisationsinhibitoren berichten *Berlin* u. Mitarb. [149]. In [150] wird auf die Stabilisierung von Polycarbonaten mit polymeren Chinonen eingegangen.

3.3.6. Polyferrocene

Von *Pauškin* u. Mitarb. stammen umfangreiche Untersuchungen über die Herstellung und Eigenschaften von katalytisch-aktiven Polymeren des Ferrocens [151, 152, 153] sowie über ihre Wirkung bei der Dehydratation bzw. Dehydrierung von Alkoholen [153 bis 158]. Mehrere solcher Polymerer erweisen sich nicht nur als aktiv, sondern auch als sehr beständig, wie es z. B. bei dem durch Kondensation von Ferrocen mit Phthalsäureanhydrid (2:1) bei 200 °C und unter Zusetzen von 2 mol $ZnCl_2$ erhaltenen Produkt beobachtet wurde. Auch das unter Zusetzen von nur 1 mol $ZnCl_2$ hergestellte Polymere erwies sich als aktiv, beständig und selektiv wirkend. Während aber der erstgenannte Katalysator die Dehydratation von Isopropanol bewirkt, übte der letztgenannte eine dehydrierende Wirkung aus. Beim Einsetzen von Dimethylvinylcarbinol als Substrat wurde in beiden Fällen nur die dehydrierende Wirkung beobachtet.

Acetylierte Polymethylenferrocenylene zeigen sehr hohe Aktivität bei der Dehydratation von Isopropanol, das bezoylierte Polymethylenferrocenylen erwies sich bei der Dehydratation von tert. Butanol als hochaktiv [156]. Das thermisch vorbehandelte Poly-β-ferrocenylchloracrolein war bei der Dehydratation von Dimethylvinylcarbinol ebenfalls sehr wirksam [153]. Diese Versuche wurden bei 300 bis 400 °C durchgeführt, wobei der Umsatz nach 60 bis 90 min je nach der Wahl des Katalysators 30 bis 95% d. Th. betrug.

3.4. Pyrolysiertes PVY und heterocyclische Pyropolymere

3.4.1. Pyrolysiertes PVY

Die katalytischen Eigenschaften von pyrolysiertem PVY (PPVY) wurden seit 1961 von mehreren Arbeitskreisen studiert, wobei in einigen Fällen auch widersprechende Ergebnisse erhalten wurden. Sicherlich übten die Herstellungsbedingungen des Katalysators einen maßgeblichen Einfluß auf die Ergebnisse aus. Untersucht wurden auch die Zusammenhänge zwischen der katalytischen Aktivität, der Halbleitereigenschaften, der spez. Oberfläche von PPVY und der chemischen Struktur von unter verschiedenen Arbeitsbedingungen pyrolysierten PVY-Proben.

Zwecks besserer Übersicht werden hier die Ergebnisse einzelner Arbeitskreise getrennt erörtert, wodurch auch die Möglichkeit eines Vergleiches der Ergebnisse gegeben wird.

Roginskij, Davydov u. a. [159] untersuchten die Aktivität mehrerer PPVY-Proben ohne bzw. mit Zusatz von $CuCl_2$ und fanden, daß das Zusetzen von Cu-Salzen keinen Einfluß auf die Wirksamkeit der Proben ausübt. Die Cu-freien Proben wiesen hohe Aktivität in bezug auf die Spaltung von HCOOH und niederen Alkoholen auf, wobei eine deutliche Dominierung des Dehydrierungsvorgangs beobachtet werden konnte. Ferner bewirkten die PPVY-Proben die Spaltung von Hydrazin zu NH_3 und H_2 und katalysierten die Hydrierung von Olefinen (Äthylen).

In einer späteren Arbeit [160] wurde auch die Photooxydation von Ascorbinsäure in Gegenwart von PPVY als Sensibilisator beschrieben.

Gallard u. Mitarb. [161 bis 165] stellten ihrerseits fest, daß das in Argon carbonisierte PVY eine stärkere Aktivität bei der Dehydratation bzw. Dehydrierung von Isopropanol bzw. Cyclohexanol zeigt als das in Luftatmosphäre carbonisierte (in beiden Fällen dominierte die Dehydratation), ferner daß PPVY Stickstoffoxide und Ameisensäure zerlegt, die Oxydation von Tetralin zu Tetralon katalysiert und eine isomerisierende Wirkung gegenüber dem Buten-1 aufweist. Diese Autoren nehmen an, daß die katalytische Aktivität von PPVY in erster Linie von der Anzahl der paramagnetischen Zentren (vgl. [79, 84, 85, 105, 106]) abhängig ist.

Einen wichtigen Beitrag zur Klärung der Ursachen der katalytischen Aktivität von PPVY leisteten *Manassen* u. Mitarb. [166, 167]. Im Rahmen ihrer Untersuchungen über die Zusammenhänge zwischen der chemischen Struktur und den katalytischen Eigenschaften von PPVY und unter Heranziehen einer Reihe anderer Polymerer (Polyschiffsche-Basen, Polycyanacetylen usw.) als Vergleichssubstanzen, kamen *Manassen* u. Mitarb. zu der Schlußfolgerung, daß nicht das Konjugationssystem im PPVY, sondern seine chemische Struktur für die katalytische Aktivität maßgeblich ist. Die wichtigste Rolle spielt dabei der Übergang von chinoiden Gruppen in die hydroaromatische. In bezug auf die Wirkungsbereiche von PPVY wurde die Dehydrierung von Isopropanol zu Aceton, Cyclohexanol zu Cyclohoxanon, Cyclohexen zu Benzol, Limonen zu Terpinolen beobachtet. Butylene gingen nicht in Butadien über, sondern es traten cis-trans-Isomerisierungsvorgänge und eine Verschiebung der Doppelbindung auf. Bei d-Menthen wurden eine starke Racemisierung, Ionisierung und Abbau beobachtet. Dagegen konnte keine katalytische Aktivität bei der Hydrierung von Äthylen nachgewiesen werden. Eine schnelle Desaktivierung von PPVY konnte durch die Durchführung der Versuche an der Luft oder durch eine Vorbehandlung von PPVY mit einem H_2-Luft-Gemisch vermieden werden. Kurz hingewiesen wurde ferner auf den sauren Charakter der Katalyse mit PPVY.

Der Einfluß der chemischen Natur der PPVY-Oberfläche, einschließlich der Rolle der Acidität wurde von *Cutlip* u. Mitarb. [168, 169] bei den Dehydratationsversuchen mit tert. Butanol untersucht. *Kubokawa* u. a. [170] beschäftigten sich mit dem Abbaumechanismus bzw. -kinetik von Ameisensäure.

Pauškin u. Mitarb. [78] untersuchten die Aktivität von bei 200, 400, und 500 °C pyrolysierten PAN-Proben bei der Bildung von Isopren aus Dimethylvinylcarbinol. Der Gehalt an Nitrilgruppen und der bei der Pyrolyse erreichte Cyclisierungsgrad von PVY waren von der Pyrolyse-Temperatur stark abhängig. Obgleich die bei 500 °C pyrolysierten Proben wesentlich bessere Halbleiter-Eigenschaften als die bei niedrigeren Temperaturen pyrolysierten aufweisen, waren sie weniger katalytisch aktiv. Die größte Aktivität zeigten die bei 200 °C pyrolysierten Proben. Der in [166, 167, 169] festgestellte „saure Charakter der Katalyse" wurde auch bei diesen Versuchen beobachtet.

Kürzlich wurde von *Pravednikov* u. Mitarb. [171] über die Versuche zur katalytischen Oxydation von Propylen in Gegenwart von PPVY berichtet. Diese Versuche wurden in einer kontinuierlichen Kleinanlage bei 350 bis 400 °C (in Luftatmosphäre) durchgeführt. Dabei wurden Wege zur Beseitigung des schnellen Ermüdens des Katalysators erwogen. Nähere Angaben liegen z. Z. nicht vor.

3.4.2. Heterocyclische Pyropolymere

Nach [161, 162, 164] erwiesen sich Polybenzimidazole, Polymellithimide und Polychinoxaline bei den Dehydratations- bzw. Dehydrierungsversuchen als aktiv. Größere Aktivität zeigten Kondensationsprodukte von Polyisopren mit Chloranil. Über die Aktivität von polymeren *Schiff*schen Basen wird in [160, 166, 167, 171] berichtet.

Literatur

[1] *Kraus, M.*: Chemicke Listy **66** (1972) 12, S. 1281–1286.
[2] *Davydova, S. L., Plate, N. A.*, und *Kargin, V. A.*: Usp. Chimii (Fortschr. d. Chemie) **37** (1968) 12, S. 2223–2246.
[3] *Kargin, V. A.*: Vestnik Akad. Nauk SSSR, Moskva (Mitt. Akad. Wiss. UdSSR) **38** (1968) 1, S. 40–47.
[4] *Kunitake, T.*: Ref. Ž. Chimija (1973) 12 C 156.
[5] *Krause, H.-W.*: Fortschr. chem. Forschung **6** (1966) S. 327–357.
[6] *Roginskij, S. Z.*, und *Sacharov, M. M.*: Ž. fizič. Chimii (Z. physik. Chemie) **42** (1968) 6, S. 1331–1345.
[7] *Boreskov, G. K.*: Kinetika i Kataliz **8** (1972) 5, S. 633–642.
[8] *Roginskij, S. Z., Berlin, A. A.*, und *Sacharov, M. M.*: Katalytische Reaktionen in flüssiger Phase (russ.). Alma-Ata: Verlag Akad. Wiss. Kaz. SSR 1963, S. 334–341.
[9] *Kejer, N. P., Alikina, G. M.*, und *Troickaja, M. G.*: Katalytische Reaktionen in flüssiger Phase (russ.) Alma-Ata; Verlag Akad. Wiss. Kaz. SSR 1963, S. 342–346.
[10] *Hanke, W.*: Z. Chemie **9** (1969) 1, S. 1–12.
[11] *Dabrowski, R.*: Wiad. Chem. (Polen) **25** (1971) S. 595–607.
[12] *Angulescu, A.*: Mater. Plast., Bukuresti **7** (1970) 10, S. 512–521.
[13] *Kejer, N. P.*: Methoden zur Untersuchung von Katalysatoren und katalytischen Reaktionen (russ.). Nowosibirsk: Verlag Nauka 1971, S. 104–146.
[14] *Kejer, N. P., Boreskov, G. K., Rodè, V. V., Terent'ev, A. P.*, und *Ruchadze, E. G.*: Kinetika i Kataliz **2** (1961) 4, S. 509–518.
[15] *Kejer, N. P., Boreskov, G. K., Rubcova, L. F.*, und *Ruchadze, E. G.*: Kinetika i Kataliz **3** (1962) 5, S. 680–690.
[16] *Boreskov, G. K., Kejer, N. P., Rubcova, L. F.*, und *Ruchadze, E. G.*: Dokl. Akad. Nauk SSSR (Ber. Akad. Wiss. UdSSR) **144** (1962) 5, S. 1069–1072.
[17] *Anufrienko, V. F., Mamaeva, E. K., Kejer, N. P., Kefeli, L. M., Terent'ev, A. P.*, und *Ruchadze, E. G.*: Dokl. Akad. Nauk SSSR (Ber. Akad. Wiss. UdSSR) **159** (1964) 5, S. 1059–1061.
[18] *Akopdžanov, R. G., Vajnštejn, Ė. E., Kejer, N. P., Kefeli, L. M.*, und *Ruchadze, E. G.*: Kinetika i Kataliz **5** (1964) 4, S. 616–623.
[19] *Vajnštejn, E. E., Akopdžanov, R. G., Kefeli, L. M.*, und *Kejer, N. P.*: Vysokomol. Soed. (Hochmol. Verbind.) **7** (1965) 5, S. 847–853.
[20] *Anufrienko, V. F., Mamaeva, E. K.*, und *Kejer, N. P.*: Dokl. Akad. Nauk SSSR (Ber. Akad. Wiss. UdSSR) **168** (1966) 1, S. 116–119.
[21] *Gerasimova, G. F., Anufrienko, V. F.*, und *Kejer, N. P.*: Kinetika i Kataliz **7** (1966) 6, S. 1078–1080.
[22] *Akopdžanov, R. G., Vajnštejn, Ė. E., Kejer, N. P., Kefeli, L. M.*, und *Rubcova, L. F.*: Kinetika i Kataliz **8** (1967) 1, S. 91–97.
[23] *Akopdžanov, R. G., Vajnštejn, Ė. E., Kefeli, L. M., Kejer, N. P., Rubcova, L. F., Mamaeva, E. K.*, und *Alikina, G. M.*: Kinetika i Kataliz **8** (1967) 2, S. 340–343.
[24] *Dindojn, V. I.*, und *Kejer, N. P.*: Kinetika i Kataliz **8** (1967) 3, S. 632–639.
[25] *Akopdžanov, R. G.*, und *Vajnštejn, Ė. E.*: Kinetika i Kataliz **8** (1967) 4, S. 933–936.
[26] *Acres, G. J. K.*, und *Eley, D. D.*: Trans. Faraday Soc. **60** (1964) S. 1157.
[27] *Kejer, N. P.*: Chelatpolymere — ein neuer Typ von heterogenen Katalysatoren (russ.). Im Sammelheft: Wissenschaftliche Grundlagen der Wahl und der Herstellung von Katalysatoren, S. 218ff., Nowosibirsk Verlag der Sibirischen Abteilung der Akad. der Wiss. UdSSR 1964.
[28] *Barabanov, V. A., Davydova, S. L.*, und *Platé, N. A.*: Ž. fizič. Chimii (Z. physik. Chemie) **42** (1968) 4, S. 990–992.
[29] *Min'kov, A. I., Alikina, G. M., Gridnev, Ju. M.*, und *Kejer, N. P.*: Kinetika i Kataliz **7** (1966) 4, S. 632–639.
[30] *Kejer, N. P., Alikina, G. M., Mamaeva, E. K., Gridnev, Ju. M.*, und *Fedoseeva, N. I.*: Urheberschein UdSSR 168265 von 31. 8. 1963.
[31] *Kejer, N. P., Mamaeva, E. K., Alikina, G. M., Tjuleneva, P. N.*, und *Afanas'eva, S. M.*: Kinetika i Kataliz **6** (1965) 5, S. 849–853.
[32] *Kundo, N. N.*, und *Kejer, N. P.*: Kinetika i Kataliz **8** (1967) 4, S. 796–802.
[33] *Nechtschein, J.*: FRP 1603090 v. 19. 9. 1968.
[34] *Davydova, S. L., Platé, N. A., Brik, G. P., Rašidova, S. Š., Krasnovskij, A. A.*, und *Kargin, V. A.*: Ž. fizič. Chimii (Z. physik. Chemie) **42** (1968) 1, S. 258–262.
[35] *Davydova, S. L., Barabanov, V. A., Platé, N. A.*, und *Kargin, V. A.*: Vysokomol. Soed. (Hochmol. Verbind.) **10 A** (1968) 5, S. 1004–1012.
[36] *Nose, Y., Hatano, M.*, und *Kambara, S.*: Makromol. Chemie **98** (1966) S. 136–147.
[37] *Pauškin, Ja. M.*, u. a.: Organische Halbleiter. Moskva: Verlag Chimija 1968, S. 517–542.
[38] *Roginskij, S. Z., Berlin, Á. A., Golovina, Ju. A., Dokukina, E. S., Sacharov, M. M.*, und *Čerkašina, L. G.*: Kinetika i Kataliz **4** (1963) 3, S. 431–436.
[39] *Roginskij, S. Z., Berlin, A. A., Kuceva, L. N., Aseeva, R. M., Čerkašina, L. G., Šerle, A. I.*, und *Matveva, N. G.*: Dokl. Akad. Nauk SSSR (Ber. Akad. Wiss. UdSSR) **148** (1963) 1, S. 118–121.
[40] *Hara, T.*: Chem. Ind. Japan **23** (1972) 4, S. 490–496.
[41] *Hara, T., Ohkatsu, Y.*, und *Osa, T.*: Chem. Letters, Japan (1973) 2, S. 103–106.
[42] *Berezin, B. D.*, und *Šljatova, L. N.*: Izv. vysšich uč. Zav. Chimija, chim. Technol. (Hochschulnachr. Chemie chem. Technol.) **14** (1971) 11, S. 1625–1670.
[43] *Inoue, H., Kida, Y.*, und *Imoto, E.*: Bl. Chem. Soc. Japan **38** (1965) 12, S. 2214.
[44] *Inoue, H., Kida, Y.*, und *Imoto, E.*: Bl. Chem. Soc. Japan **40** (1967) 1, S. 184–190.
[45] *Inoue, H., Kida, J.*, und *Imoto, E.*: Bl. Chem. Soc. Japan **41** (1968) 3, S. 684–691.
[46] *Inoue, H., Kida, J.*, und *Imoto, E.*: Bl. Chem. Soc. Japan **41** (1968) 3, S. 692–696.
[47] *Browstein, A. M.*, und *Kerr, D. L.*: USP 3634328 vom 11. 1. 1972.
[48] *Hatano, M., Nozawa, T., Ikeda, S.*, und *Yamamoto, T.*: Kogyo Kagaku Zasshi **72** (1969) 2, S. 474.
[49] *Hatano, M., Nozava, T.*, und *Yoneyama, M.*: Bl. Chem. Soc. Japan **43** (1970) 1, S. 295.
[50] *Hatano, M., Nozawa, T., Ikeda, S.*, und *Yamamoto, T.*: Makromol. Chemie **141** (1971) S. 1–9.
[51] *Hatano, M., Nozawa, T., Ikeda, S.*, und *Yamamoto, T.*: Makromol. Chemie **141** (1971) S. 11–19.
[52] *Nozawa, T.*, und *Hatano, M.*: Makromol. Chemie **141** (1974) S. 21–29.
[53] *Nozawa, T.*, und *Hatano, M.*: Makromol. Chemie **141** (1971) S. 31–41.
[54] *Pecht, I.*, und *Anbar, M.*: Nature, London **207** (1965) S. 1386–1387.
[55] *Pecht, I., Levitzki, A.*, und *Anbar, M.*: J. amer. chem. Soc. **89** (1967) 7, S. 1587–1591.
[56] *Levitzki, A., Pecht, I.*, und *Berger, A.*: J. amer. chem. Soc. **94** (1972) 19, S. 6844–6849.
[57] *Kejer, N. P., Troickaja, M. G.*, und *Ruchadze, E. G.*: Kinetika i Kataliz **3** (1962) 5, S. 691–697.
[58] *Boreskov, G. K., Kejer, N. P., Rubcova, L. F.*, und *Ruchadze, E. G.*: Dokl. Akad. Nauk SSSR (Ber. Akad. Wiss. UdSSR) **144** (1962) 5, S. 1069–1072.
[59] *Kejer, N. P., Rubcova, L. F., Gerasimova, G. F., Mamaeva, E. K., Dindojn, V. I.*, und *Anufrienko, V. F.*: Kinetika i Kataliz **8** (1967) 3, S. 625–631.

[60] *Terent'ev, A. P., Močalina, I. G., Ruchadze, E. G.*, und *Povolockaja, E. M.*: Vysokomol. Soed. (Hochmol. Verbind.) **6** (1964) 7, S. 1267—1271.
[61] *Terent'ev, A. P., Il'ina, I. G.*, und *Ruchadze, E. G.*: Vysokomol. Soed. (Hochmol. Verbind.) **9 B** (1967) 10, S. 788—790.
[62] *Hatano, M.*: Kogyo Kagaku Zasshi **69** (1966) 3.
[63] *Yamamoto, T.*, und *Hatano, M.*: Kogyo Kagaku Zasshi **70** (1967) 5.
[64] *Nozawa, T., Nose, Y., Hatano, M.*, und *Kambara, S.*: Makromol. Chemie **112** (1968) S. 73—83.
[65] *Hatano, M., Nozawa, T., Yamamoto, T.*, und *Kambara, S.*: Makromol. Chemie **115** (1968) S. 1—9.
[66] *Hatano, M., Nozawa, T., Yamamoto, T.*, und *Kambara, S.*: Makromol. Chemie **115** (1968) S. 10—16.
[67] *Hatano, M.*, und *Nozawa, T.*: Chem. Res. Inst. Non-Aq.Solut., Japan **20** (1972) S. 213—224.
[68] *Nozawa, T., Akimoto, Y.*, und *Hatano, M.*: Makromol. Chemie **158** (1972) S. 21—26.
[69] *Nozawa, T., Akimoto, Y.*, und *Hatano, M.*: Makromol. Chemie **161** (1972) S. 289—291.
[70] *Moriguchi, Y.*, und *Miura, M.*: Bl. Chem. Soc. Japan **38** (1965) 4, S. 678—679.
[71] *Moriguchi, Y.*, und *Miura, M.*: Nippon Kagaku Zasshi **87** (1966) 11.
[72] *Slinkin, A. A., Dulov, A. A.*, und *Rubinštejn, A. M.*: Izv. Akad. Nauk SSSR, Ser. Chim. (Nachr. Akad. Wiss. UdSSR, Chemie) (1963) 6, S. 1140—1141.
[73] *Laverty, J. J.*, und *Gardlund, Z. G.*: J. Polymer Sci. A-1 **9** (1971) 1, S. 243—247.
[74] *Inaki, Y., Kimura, K.*, und *Takemoto, K.*: Makromol. Chemie **171** (1973) S. 19—26.
[75] *Bartoň, J.*, und *Hoang Tri Dung*: Chem. Zvesti **27** (1973) 1, S. 84—89.
[76] *Bevza, T. I., Koršak, Ju. V., Davydova, S. L.*, und *Platé, N. A.*: Vysokomol. Soed. (Hochmol. Verbind.) **11B** (1969) 10, S. 743—745.
[77] *Teyssié, Ph., Decoene, C.*, und *Teyssié, M. T.*: Makromol. Chemie **84** (1965) S. 51—63.
[78] *Pauškin, Ja. M., Višnjakova, T. P., Lunin, A. F.*, und *Nizova, S. A.*: Organische polymere Halbleiter (russ.). Moskva. Verlag Chimija 1971.
[79] *Berlin, A. A., Gejderich, M. A., Davydov, B. È., Kargin, V. A., Karpačeva, G. P., Krencel', B. A.*, und *Chutareva, G. V.*: Chemie von polykonjugierten Verbindungen (russ.). Moskva: Verlag Chimija 1972.
[80] *Dabrowski, R.*: Wiad. Chem. (Polen) **25** (1971) 7, S. 473—489.
[81] *Kuznecov, V. S.*: Kinetika i Kataliz **4** (1963) 6, S. 878—885.
[82] *Kuznecov, V. S.*: Kinetika i Kataliz **5** (1964) 2, S. 277—283.
[83] *Kejer, N. P.*: Kinetika i Kataliz **10** (1969)
[84] *Gallard, J., Leaderlich, Th., Salle, R.*, und *Traynard, Ph.*: Bull. Soc. chim. France (1963) S. 2204—2208.
[85] *Gallard, J., Nechtschein, M., Soutif, M.*, und *Traynard, Ph.*: Bull. Soc. chim. France (1963) S. 2209—2213.
[86] *Berlin, A. A., Vonsjackij, A. V.*, und *Ljubčenko, L. S.*: Izv. Akad. Nauk SSSR, Ser. chim. (Nachr. Akad. Wiss. UdSSR Chemie) (1962) S. 1312.
[87] *Berlin, A. A.*, und *Bass, S. I.*: Izv. Akad. Nauk SSSR, Ser. chim. (Nachr. Akad. Wiss. UdSSR, Chemie) (1963) S. 1494.
[88] *Berlin, A. A.*, und *Bass, S. I.*: Dokl. Akad. Nauk SSSR (Ber. Akad. Wiss. UdSSR) **150** (1963) S. 795—798.
[89] *Berlin, A. A.*: Chim. Prom. (Chem. Ind.) (1962) 12, S. 881—896.
[90] *Berlin, A. A., Gerasimov, V. G., Ivanov, A. A.*, und *Reva, L. N.*: Vysokomol. Soed. (Hochmol. Verbind.) **13B** (1971) 4, S. 254.
[91] *Berlin, A. A.*: J. macromol. Sci. (Chemistry) **A5** (1971) 7, S. 1187—1203.
[92] *Pauškin, Ja. M., Polak, L. S., Višnjakova, T. P., Patalach, I. I., Mačuc, F. F.*, und *Sokolinskaja, T. A.*: Vysokomol. Soed. (Hochmol. Verbind.) **6** (1964) S. 545.
[93] *Čerkašin, M. I., Bancyrev, G. I.*, und *Čauser, M. G.*: Alma-Ata. Ber. der IV. Allunionskonferenz über die Acetylenchemie. Bd. III (1972) S. 89—96.
[94] *Božilova, M. V., Berlin, A. A., Bancyrev, G. I., Rožko, L. A.*, und *Čerkašin, M. I.*: Alma-Ata: Ber. der IV. Allunionskonferenz über die Acetyllenchemie. Bd. III (1972) S. 49—55.
[95] *Berlin, A. A., Božilova, M. V., Bancyrev, G. I., Čerkašin, M. I.*, und *Panajotov, I. M.*: Vysokomol. Soed. (Hochmol. Verbind.) **14A** (1972) 9, S. 1906 bis 1909.
[96] *Nizova, S. A., Patalach, I. I.*, und *Pauškin, Ja. M.*: Dokl. Akad. Nauk SSSR (Ber. Akad. Wiss. UdSSR) **153** (1963) 1, S. 144—146.
[97] *Berlin, A. A., Parini, V. P.*, und *Al'manbetov, K.*: Dokl. Akad. Nauk SSSR (Ber. Akad. Wiss. UdSSR) **166** (1966) 3, S. 595—597.
[98] *Pauškin, Ja. M., Burova, L. M., Omeljochina, L. N.*, und *Alekseeva, S. N.*: Dokl. Akad. Nauk SSSR (Ber. Akad. Wiss. UdSSR) **180** (1968) 2, S. 367—370.
[99] *Voronina, M. A., Panidi, I. S., Pauškin, Ja. M.*, und *Chukchadžan, S. A.*: Arbeiten Mosk. Forschungsinst. für Erdöl- und Erdgasindustrie (UdSSR) (1969) 3, S. 64—68.
[100] *Pauškin, Ja. M., Panidi, I. S., Rjabceva, N. V., Kazanskaja, A. S., Sladkov, A. M., Meščerjakov, S. V., Jacko, O. I.*, und *Lunin, A. F.*: Kinetika i Kataliz **11** (1970) 5, S. 1354—1356.
[101] *Pauškin, Ja. M., Voronina, M. A., Panidi, I. S., Glagoleva, O. V.*, und *Trjupina, V. M.*: Kinetika i Kataliz **12** (1971) 5, S. 1344—1347.
[102] *Pauškin, Ja. M., Švačkin, Ju. A., Lomova, L. M., Gornštejn, A. D.*, und *Inozemcev, P. A.*: Dokl. Akad. Nauk BSSR/(Ber. Akad. Wiss. Beloruss. SSR) **16** (1972) 5, S. 434—436.
[103] *Sacharov, M. M., Pauškin, Ja. M., Šestakova, L. M., Lunin, A. F.*, und *Alaničeva, V. I.*: Dokl. Akad. Nauk BSSR (Ber. Akad. Wiss. Beloruss. SSR) **16** (1972) 9, S. 805—808.
[104] *Myl'nikov, V. S.*, und *Arvan, Ch. L.*: Ž. fizič. Chimii (Z. physik. Chemie) **40** (1966) 10, S. 2653—2654.
[105] *Kiperman, S. L.*, und *Davydova, I. R.*: Kinetika i Kataliz **2** (1961) 5, S. 762—772.
[106] *Davydova, I. R., Kiperman, S. L., Slinkin, A. A.*, und *Dulov, A. A.*: Izv. Akad. Nauk SSSR, Ser. chim. (Nachr. Akad. Wiss. UdSSR, Chemie) (1964) 9, S. 1591—1598.
[107] *Pauškin, Ja. M., Burova, L. M., Sladkov, A. M., Nepočatych, V. P., Kudrjavcev, Ju. P.*, und *Koršak, V. V.*: Dokl. Akad. Nauk SSSR (Ber. Akad. Wiss UdSSR) **180** (1968) 3, S. 622—625.
[108] *Berlin, A. A.*, und *Vonsjackij, V. A.*: Izv. Akad. Nauk SSSR, Ser. chem. (Nachr. Akad. Wiss. UdSSR, Chemie) (1962) 7, S. 1312—1313.
[109] *Berlin, A. A.*: Vysokomol. Soed. (Hochmol. Verbind.) **13A** (1971) 2, S. 276—293.
[110] *Berlin, A. A.*, und *Bass, S. I.*: Izv. Akad. Nauk SSSR, Ser. chim. (Nachr. Akad. Wiss. UdSSR, Chemie) (1963) 9, S. 1652—1654.
[111] *Berlin, A. A.*, und *Bass, S. I.*: Izv. Akad. Nauk SSSR, Ser. chim. (Nachr. Akad. Wiss. UdSSR, Chemie) (1963) 10, S. 1854—1856.
[112] *Bass, S. I.*, und *Berlin, A. A.*: Ž. fizič. Chimii (Z. physik. Chemie) **39** (1965) 9, S. 2281—2284.
[113] *Berlin, A. A., Bass, S. I., Belova, R. N.*, und *Ivanov, A. A.*: Kinetika i Kataliz **8** (1967) 4, S. 900—903.
[114] *Berlin, A. A., Aseeva, R. N., Jarkina, V. V.*, und *Kobrjanskij, V. M.*: Kinetika i Kataliz **11** (1970) 1, S. 241—244.
[115] *Berlin, A. A., Popova, Z. V.*, und *Janovskij, D. M.*: Vysokomol. Soed. (Hochmol. Verbind.) **4** (1962) 8, S. 1172—1177.
[116] *Aseeva, R. M., Zeleneckaja, T. V.*, und *Berlin, A. A.*: JUPAC-Symposium 1971, Bratislava, Chem. Transf. Polym. Bd. 2.
[117] *Berlin, A. A., Aseeva, R. M., Ivanov, A. A.*, und *Kotova, A. V.*: J. Polymer Sci., C: Polymer Symposia (1973) 11, S. 40.
[118] *Dokukina, E. S., Golovina, O. A., Sacharov, M. M.*, und *Aseeva, R. M.*: Kinetika i Kataliz **7** (1966) 4, S. 660—665.

[119] *Olejnik, Ė. P., Vasilejskaja, N. S.*, und *Razuvaev, G. A.*: Izv. Akad. Nauk SSSR, Chimija (Nachr. Akad. Wiss. UdSSR, Chemie) (1968) 3, S. 482–485.
[120] *Keier, N. P.*, und *Astaf'ev, I. V.*: Kinetika i Kataliz **3** (1962) 3, S. 364–365.
[121] *Sacharov, M. M., Lunin, A. F., Jacko, O. I., Meščerjakov, S. V.*, und *Šestakova, L. M.*: Ž. fizič. Chimii (Z. physik. Chemie) **17** (1973) 8, S. 2080–2081.
[122] *Berlin, A. A.*, und *Matveeva, N. G.*: Vysokomol. Soed. (Hochmol. Verbind.) **8** (1966) 4, S. 736–743.
[123] *Berlin, A. A.*, und *Matveeva, N. G.*: Dokl. Akad. Nauk SSSR (Ber. Akad. Wiss. UdSSR) **167** (1966) 1, S. 91–94.
[124] *Berlin, A. A.*, und *Bass, S. I.*: Dokl. Akad. Nauk SSSR (Ber. Akad. Wiss. UdSSR) **150** (1963) 4, S. 795–798.
[125] *Berlin, A. A., Gerassimov, V. G.*, und *Ivanov, A. A.*: J. Polymer Sci., C: Polymer Symposia (1973) 40, S. 183–188.
[126] *Kotljarevskij, I. L., Zelenyj, E. Ch.*, und *Terpugova, M. P.*: Urheberschein (UdSSR) 176874 vom 15. 12. 1964.
[127] *Terpugova, M. P., Mazur, V. G.*, und *Kotljarevskij, I. L.*: Izv. Akad. Nauk SSSR, Chimija (Nachr. Akad. Wiss. UdSSR, Chemie) (1971) 9, S. 2097–2099.
[128] *Terpugova, M. P., Kotljarevskij, I. L., Mazur, V. G.*, und *Martenko, E. A.*: Izv. Akad. Nauk SSSR, Chimija (Nachr. Akad. Wiss. UdSSR, Chemie) (1973) 3, S. 603 bis 608.
[129] *Pauškin, Ja. M., Losev, Ju. P., Maksimenko, V. N., Natal'ina, E. P.*, und *Isarovič, V. N.*: Dokl. Akad. Nauk BSSR (Ber. Akad. Wiss. Beloruss. SSR) **16** (1972) 10, S. 916–918.
[130] *Pauškin, Ja. M., Loseva, L. P., Dmitrieva, L. P., Losev, Ju. P.*, und *Isakovič, V. I.*: Dokl. Akad. Nauk SSSR (Ber. Akad. Wiss. UdSSR) **210** (1973) 4, S. 865–868.
[131] *Murano, K., Kawazura, H., Inokuchi, H.*, und *Ohmori, T.*: Bull. Chem. Soc. Japan **45** (1972) 10, S. 3280.
[132] *Pauškin, Ja. M., Burova, L. M., Omarov, O. Ju., Golubovskaja, L. P.*, und *Nizova, S. A.*: Kinetika i Kataliz **9** (1968) 6, S. 1233–1238.
[133] *Berlin, A. A., Grigorovskaja, V. A.*, und *Skurat, V. E.*: Vysokomol. Soed. (Hochmol. Verbind.) **8** (1966) 11, S. 1976–1983.
[134] *Bass, S. I., Levantovskaja, I. I., Draljuk, G. V., Kovarskaja, B. M.*, und *Berlin, A. A.*: Vysokomol. Soed. (Hochmol. Verbind.) **9A** (1967) S. 556–561.
[135] *Berlin, A. A., Ivanov, A. A.*, und *Firsov, A. P.*: Vysokomol. Soed. (Hochmol. Verbind.) **10A** (1968) 10, S. 2321–2328.
[136] *Berlin, A. A., Ivanov, A. A.*, und *Firsov, A. P.*: Vysokomol. Soed. (Hochmol. Verbind.) **12B** (1970) 1, S. 80–84.
[137] *Firsov, A. P., Grigorovskaja, V. A., Pažitnova, N. N., Ivanov, A. A.*, und *Berlin, A. A.*: Vysokomol. Soed. (Hochmol. Verbind.) **A15** (1973) 8, S. 1881–1885.
[138] *Ivanov, A. A.*, und *Berlin, A. A.*: J. Polymer Sci., C: Polymer Symposia (1973) 40, S. 93–100.
[139] *Aseeva, R. M., Zeleneckaja, T. V., Grigorovskaja, V. A.*, und *Berlin, A. A.*: Plaste u. Kautschuk (im Druck).
[140] *Slinkin, A. A., Dulov, A. A., Glanceva, I. M.*, und *Rubinštejn, A. M.*: Kinetika i Kataliz **8** (1967) 1, S. 136–140.
[141] *Manecke, G.*: Angew. Makromol. Chemie, Basel **4/5** (1968) S. 26–64.
[142] *Manecke, G., Kossmehl, G., Gawlik, R.*, und *Hartwich, G.*: Angew. Makromol. Chemie, Basel **6** (1969) S. 89–100.
[143] *Kun, K. A.*: J. Polymer Sci. **3A** (1965) 5, S. 1833–1843.
[144] *Kun, K. A.*: J. Polymer Sci. **4A** (1966) 4, S. 847–857.
[145] *Kun, K. A.*: J. Polymer Sci. **4A** (1966) 4, S. 859–868.
[146] *Iwasawa, Y., Soma, M., Onishi, T.*, und *Tamaru, K.*: J. Chem. Soc., Faraday Trans. I **68** (1972) 9, S. 1617–1625.
[147] *Iwasawa, Y., Onishi, T.*, und *Tamaru, K.*: J. chem. Soc., Chem. Comm. (1972) 19, S. 1051.
[148] *Dabrowski, R., Witkiewicz, Z.*, und *Konopczynski, A.*: Rocz. chem., Polen **45** (1971) 10, S. 1717–1720.
[149] *Mežikovskij, S. M., Matnišjan, A. A., Liogon'kij, B. I.*, und *Berlin, A. A.*: Vysokomol. Soed. (Hochmol. Verbind.) **14A** (1972) 11, S. 2397–2404.
[150] *Liogon'kij, B. I., Draljuk, G. V., Gurov, A. A., Levantovskaja, I. I., Ėmin Abdulla-Zade, Kovarskaja, B. M.*, und *Berlin, A. A.*: Vysokomol. Soed. (Hochmol. Verbind.) **10A** (1968) 11, S. 2488–2494.
[151] *Pauškin, Ja. M., Višnjakova, T. P., Patalach, I. I., Sokolinskaja, T. A.*, und *Mačus, F. F.*: Dokl. Akad. Nauk SSSR (Ber. Akad. Wiss. UdSSR) **149** (1963) 4, S. 856–859.
[152] *Abakumova, R. A., Višnjakova, T. P., Golubeva, I. A., Kalennikov, E. A., Nikol'sky, B. P., Pauškin, Ja. M., Pal'čevskij, V. V., Pendin, A. A.*, und *Sokolinskaja, T. A.*: Vysokomol. Soed. (Hochmol. Verbind.) **13A** (1971) 9, S. 2049–2058.
[153] *Aliev, L. A., Gol'danskij, V. I., Stukan, R. A., Pauškin, Ja. M., Višnjakova, T. P.*, und *Sokolinskaja, T. A.*: Dokl. Akad. Nauk SSSR (Ber. Akad. Wiss. UdSSR) **194** (1970) 4, S. 843–846.
[154] *Pauškin, Ja. M., Burova, L. M., Voronina, M. A., Višnjakova, T. P., Sokolinskaja, T. A.*, und *Aliev, L. A.*: Dokl. Akad. Nauk SSSR (Ber. Akad. Wiss. UdSSR) **186** (1969) 1, S. 108–111.
[155] *Pauškin, Ja. M., Burova, L. M., Lunin, A. F., Višnjakova, T. P., Gornštejn, A. D., Sladkov, A. M., Nepočatych, V. P.*, und *Koršak, V. V.*: Izv. Akad. Nauk SSSR, Chimija (Nachr. Akad. Wiss. UdSSR, Chemie) (1969) 5, S. 1073–1077.
[156] *Pauškin, Ja. M., Lomova, L. M., Kalennikov, E. A., Višnjakova, T. P.*, und *Gornštejn, A. D.*: Dokl. Akad. Nauk SSSR (Ber. Akad. Wiss. UdSSR) **201** (1971) 1, S. 117–119.
[157] *Voronina, M. A., Sokolinskaja, T. A., Pauškin, Ja. M., Višnjakova, T. P., Aliev, L. A.*, und *Panidi, I. S.*: Kinetika i Kataliz **12** (1971) 1, S. 247–249.
[158] *Voronina, M. A., Višnjakova, T. P., Pauškin, Ja. M., Božilova, M. A.*, und *Aliev. L. A.*: Vysokomol. Soed. (Hochmol. Verbind.) **10A** (1968) 12, S. 882–884.
[159] *Dokukina, E. S., Roginskij, S. Z., Sacharov, M. M., Topčiev, A. V., Gejderich, M. A., Davydov, B. Ė.*, und *Krencel', B. A.*: Dokl. Akad. Nauk SSSR (Ber. Akad. Wiss. UdSSR) **137** (1961) 4, S. 893–895.
[160] *Chutareva, G. V., Brin, G. P., Davydov, B. Ė., Krencel', B. A.*, und *Krasnovskij, A. A.*: Dokl. Akad. Nauk SSSR (Ber. Akad. Wiss. UdSSR) **161** (1965) 2, S. 399–402.
[161] *Dawans, F., Gallard, J., Teyssié, Ph.*, und *Traynard, Ph.*: J. Polymer Sci. **4** (1963) S. 1385–1400.
[162] *Nechtschein, J., Gallard, J.*, und *Soutif, M.*: C. r. Akad. Sci. **254** (1962) S. 3529.
[163] *Salle, R., Gallard, J.*, und *Traynard, Ph.*: C. r. Akad. Sci. **256** (1963) S. 2588–2590.
[164] *Gallard, J., Laederich, Th., Salle, R.*, und *Traynard, Ph.*: Bull. Soc. Chim. France (1963) S. 2204–2209.
[165] *Gallard, J.*: J. Catalysis **13** (1969) 3, S. 261–270.
[166] *Manassen, J.*, und *Wallach, J.*: J. amer. chem. Soc. **87** (1965) 12, S. 2671–2677.
[167] *Manassen, J.*, und *Khalif, Sh.*: J. amer. chem. Soc. **88** (1966) 9, S. 1943–1947.
[168] *Cutlip, M. B.*, und *Peters, M. S.*: Chem. Engng. Progr., Symp. Ser. **64** (1968) S. 1–11.
[169] *Cutlip, M. B.*, und *Bhatt, G. M.*: J. Catalysis **26** (1972) 2, S. 272–273.
[170] *Kubokama, Y., Miyata, H.*, und *Uegaki, Y.*: Bull. Chem. Soc. Japan **44** (1971) 12, S. 3259–3264.
[171] *Vasilenko, N. A., Litvinov, I. A.*, und *Pravednikov, A. N.*: Vysokomol. Soed. (Hochmol. Verbind.) **15A** (1973) 5, S. 1127–1131.

Eingegangen am 19. Juni 1974

Neue Bücher

Erzeugung reaktiver Zentren in Cellulosefasern zur Knüpfung kovalenter Bindungen mit Veredlungschemikalien. Von *Giselher Valk, Nabil Youssri Abou-Zeid, Ignacy Jakobson* und *Karl Schliefer.* Forschungsberichte des Landes Nordrhein-Westfalen. Nr. 2335. Opladen: Westdeutscher Verlag 1973, 57 S. Brosch. DM 6,50.

Der Bericht liefert einen interessanten Beitrag zur Möglichkeit der Textilveredlung durch Vernetzung. Bei den eingesetzten Chemikalien zur Erzeugung reaktiver Zentren in der Cellulose handelt es sich um Chlorsulfonylisocyanat, 2,4-Bis(1-aziridinyl)-6-Chlor-s-triazin, Alkylbromid, Hexahydro-1,3,5-triacryloyl-s-triazin und Cyanamid.

Die drei erstgenannten Vernetzer entfallen für die praktische Anwendung auf Grund ihrer Toxizität, des Faserabbaus und der Reaktionsträgheit der erhaltenen Fasern.

Näher untersucht wird das Verhalten von Hexahydro-1.3.5-triacryloyl-s-triazin und Cyanamid sowohl gegenüber niedermolekularen Modellsubstanzen als auch gegen Cellulose. Angestrebt wird eine abgestufte Reaktivität der erhaltenen Produkte. Hierzu ist es notwendig, das Verhalten der Ausgangsstoffe gegen Wasser sowie Säure und Lauge zu bestimmen und das günstige Reaktionsmedium zu finden. So zeigt Hexahydro-1.3.5-triacryloyl-s-triazin bei der Umsetzung mit Modellsubstanzen wie Äthylmercaptan und Äthanol in wasserfreiem Medium eine abgestufte Reaktivität, während es in wäßrigem Medium instabil ist.

Umsetzungen von Hexahydro-1,3,5-triacryloyl-s-triazin mit Cellulose in Gegenwart von Natronlauge führen zu Produkten mit verbessertem Knitterverhalten, das durch Quervernetzung bedingt ist. Die Quervernetzung wird auch anhand der beim Abbau gebildeten monomeren Zucker mit Hilfe chromatographischer Methoden nachgewiesen. Während sich unbehandelte Cellulose nicht mit Basazolfarbstoffen färben läßt, reagiert mit Hexahydro-1,3,5-triacryloyl-s-triazin umgesetzte Cellulose mit diesen Farbstoffen. Auch mit Acrylamidderivaten behandelte Cellulose läßt sich auf diese Art anfärben.

Des weiteren werden die Hydrolyseeigenschaften des aus Cellulose und Chlorformamidinhydrochlorid hergestellten Celluloseisoharnstoffs untersucht.

Eine verbesserte Flammfestigkeit der Cellulose läßt sich durch Umsetzung mit Cyanamid und Ammoniumphosphat unter Zusatz von reaktiven N-Methylolverbindungen erreichen. Diese Umsetzung ist jedoch von ungünstigen physiologischen Einflüssen begleitet.

Der Bericht behandelt die Umsetzung der Cellulose mit den genannten Verbindungen sehr übersichtlich. Die Darstellung der einzelnen Reaktionen im Formelbild erweist sich zum allgemeinen Verständnis als günstig.

Hervorzuheben ist auch die gute Zusammenstellung der experimentellen Vorschriften am Ende des Berichts sowie eine recht umfassende Literatursammlung. *C. Fanter*

Conformational Properties of Macromolecules. Von *A. J. Hopfinger.* New York/London: Academic Press X, 339 S., Lwd. $ 24,50.

Der Autor gibt einen umfassenden Überblick über die Methode zur Berechnung der Konformationsenergie von Makromolekülen auf der Grundlage bestimmter Ansätze für die Potentialfunktionen und die Aussagemöglichkeiten solcher Berechnungen.

Das Buch gliedert sich in fünf Kapitel. Im ersten Kapitel wird eine allgemeine Einführung zur Klassifizierung und Charakterisierung makromolekularer Strukturen gegeben. Schwerpunkte dabei sind die Einteilung in verschiedene Niveaus molekularer Organisation und die Anwendung der linearen Algebra zur Beschreibung der Geometrie der Makromoleküle. Im nächsten Kapitel werden die verschiedenen Typen halbempirischer Potentialfunktionen, die Methoden zur Berechnung der Konformationsenergie und die wichtigsten Beiträge zur Gesamtkonformationsenergie diskutiert. Dabei wird auch der Einfluß der Wechselwirkung Polymeres/Lösungsmittel berücksichtigt. In Kapitel III untersucht der Autor die Genauigkeit und die Aussagekraft der Berechnung von Konformationsenergien durch Vergleich mit experimentellen Daten für eine Reihe ausgewählter Polymerer und gibt Möglichkeiten für weitere Verfeinerungen der Theorie an.

Einen breiten Raum nimmt Kapitel IV in dem Buch ein, in dem verschiedene Typen von Konformationsübergängen betrachtet werden und gezeigt wird, in welcher Weise man durch Berechnung der Konformationsenergie die Thermodynamik solcher Übergänge beschreiben kann. Im letzten Kapitel werden verschiedene Anwendungen der Berechnung von Konformationsenergien, insbesondere zur Interpretation spektroskopischer Untersuchungen, diskutiert.

Das Buch enthält eine Fülle experimenteller Angaben und theoretischer Details. Dabei hat der Umfang des Stoffes den Autor häufig gezwungen, die Probleme in knapper Form darzustellen und die mathematischen Ausführungen kurz zu fassen. Deshalb dürfte das Buch speziell für den Fachmann sehr wertvoll sein, während es als erste Einführung dem Leser ein konzentriertes Mitarbeiten abverlangt.

Herbert Dautzenberg

Festkörperphysik. Von *Konrad Kreher.* Wissenschaftliche Taschenbücher Mathematik — Physik. Bd. 103. Berlin: Akademie-Verlag 1973, 222 Seiten: Brosch. M 12,50.

Das Buch erschien als wissenschaftliches Taschenbuch in der Reihe Mathematik — Physik. Die vom Akademie-Verlag herausgegebenen wissenschaftlichen Taschenbücher haben sich seit längerer Zeit bestens bewährt, und mit der Herausgabe des 103. Bandes „Festkörperphysik" dürfte sich das gute Ansehen der Taschenbücher bestätigt haben.

Das Werk enthält wichtige Grundlagen der Festkörperphysik, wobei auf die Darstellung tiefgehender theoretischer Probleme, experimenteller Einzelheiten und technischer Anwendungen notwendigerweise verzichtet wird. Der Inhalt ist in acht Kapitel gegliedert. Die ersten vier Kapitel beschäftigen sich mit kristallographischen Grundlagen, mit mechanischen Eigenschaften und Gitterschwingungen sowie mit dielektrischen Eigenschaften. Der Elektronentransport und die Elektronenstruktur sowie optische und magnetische Eigenschaften von Festkörpern sind der Inhalt von Kapitel fünf bis acht. Dem Verfasser ist es gelungen, die umfangreiche Problematik der Festkörperphysik in einer verständlichen Art und Weise darzustellen, wobei besonders die Zusammenhänge zwischen Struktur und Eigenschaften der Festkörper herausgestellt werden. Die grundlegenden Leitgedanken der Festkörperphysik werden in allen Kapiteln entwickelt und die Zusammenhänge zwischen den verschiedenen Problemen berücksichtigt.

Das Werk eignet sich für fortgeschrittene Studenten naturwissenschaftlicher sowie technischer Fachrichtungen und für Wissenschaftler, die auf dem Gebiet der Festkörperphysik und benachbarter Gebiete tätig sind. *R. Danz*

Membranes. Volume 1: Macroscopic Systems and Models. Hgg. von *George Eisenman.* New York: Marcel Dekker, 1972. XIX, 333 Seiten, Halblwd.

Mit diesem 1. Band wird von dem Herausgeber eine Serie von Publikationen angekündigt, die die verschiedensten Bereiche der Naturwissenschaften in der Membranforschung betreffen. Jeder Band soll dabei einen besonderen Aspekt der Membranproblematik darstellen und umfassend behandeln, wobei — wenn möglich — jedes Thema von den physikalischen Grundlagen her bis zu dem Geschehen in der lebenden Zelle, d. h. der Funktion und dem Leistungsvermögen der Biomembran betrachtet werden soll.

Der erste Band spiegelt insgesamt die Entwicklung der Untersuchung von Membransystemen in der physikalischen Chemie und Biologie wider. So behandelt dieser Band die klassischen und die Ionenaustauscher-Membranen und gibt eine Einführung in die Eigenschaften der biologischen Membranen, die in Beziehung zu den Ionenaustauscher-Membranen stehen. Nach einer Einleitung des Herausgebers insbesondere für Band 1 „Macroscopic Systems and Models" und Band 2 „Lipid Bilayers and Antibiotics" nimmt *Torsten Teorell* zur Entwicklung, zu den Hauptproblemen, den Motivationen und dem Stand bei der Erforschung von Membranphänomenen Stellung.

Das Eröffnungskapitel von *Ch. P. Bean* untersucht und definiert die Transporteigenschaften von porösen Membranen, die ungeladene Poren von einfacher und definierter Geometrie besitzen. *Bean* entwickelt dabei eine Theorie, die auf den Betrachtungen der fluiden Dynamik der Bewegungen von Kügelchen in einem kleinen Raum basieren, in dem angenommen wird, daß das Wasser als Kontinuum wirkt. Er kommt zu der Schlußfolgerung, daß die Struktur und die Dynamik von Wasser in diesen Poren bis mindestens 10 Å von der Feststoffoberfläche dieselbe ist wie in der Volumenphase. Das 2. Kapitel von *P. Meares*, *F. J. Thain* und *D. G. Dawson* beschäftigt sich sowohl theoretisch als auch experimentell mit der irreversiblen Thermodynamik des Membrantransports. Sie untersuchen an organischen Ionenaustauschermembranen kritisch Theorien des Membrantransports vom *Nernst/Planck*schen und pseudothermodynamischen Typ und vergleichen diese mit Betrachtungen, die auf der irreversiblen Thermodynamik, insbesondere auf dem *Spiegler*schen Reibungsmodell des Membrantransports, basieren.

Das 3. Kapitel von *J. Sandblom* und *F. Orme* beschreibt und klassifiziert die Eigenschaften von flüssigen Ionenaustauschermembranen insbesondere vom Stützpunkt ihrer Anwendung als Elektroden und Modelle für biologische Membranen. Es enthält eine detaillierte Formulierung und theoretische Analyse der Transporteigenschaften und Membranpotentiale für einige Ionen.

Im folgenden Kapitel beschäftigt sich *H. Garfinkel* mit Kationenaustauschereigenschaften von trockenen Glasmembranen, wobei die Bedeutung von Membranpotentialen in solchen Systemen hervorgehoben und eine Verifizierung der wichtigen Ionenaustauscher-Natur der Glaselektrode gegeben wird. Die Untersuchungen sind nicht nur für trockene Glaselektroden von fundamentalem Interesse, sondern schaffen die Grundlage für eine Vertiefung des Verständnisses der Struktur und Funktion von gewöhnlichen Glaselektroden in hydratisiertem Zustand.

Im 5. Kapitel diskutiert *D. Agin* einige Aspekte der physikalischen Grundlage für die elektrische Erregbarkeit in Nervenfasern unter besonderer Berücksichtigung der Bedingungen für die Erzeugung negativer Leitfähigkeit in nichtbiologischen Elektrodiffusionsbereichen und Aspekten, die solche Leitfähigkeiten in Bilayermembranen und Plasmamembranen erklären. Im abschließenden 6. Kapitel versucht *C. S. Spyropoulos* eine Charakterisierung von nichtstationären Ruhepotentialen von Plasmamembranen für den gesamten Bereich von bestimmten Kationenlösungen. Solche Untersuchungen sollen als Ausgangspunkt für den wichtigen Vergleich der stationären Eigenschaften von lebenden Zellmembranen mit den dicken, physikochemischen Membranmodellen dienen.

Insgesamt ist der erste Band dieser Fortsetzungsreihe übersichtlich gestaltet. Jedem der 6 Kapitel ist eine Feingliederung vorangestellt und jedes Kapitel schließt mit einem ausführlichen Literaturverzeichnis ab. Zusätzlich ist zum Schluß des Bandes ein Autoren- und Sachwortverzeichnis angeführt.

Neben der Darstellung des Kenntnisstandes und Betrachtung verschiedener, theoretischer Transportmodelle für Membransysteme — auch in Gegenüberstellung zu experimentellen Werten — stellt der erste Band einen Fundus an Literatur dar, insbesondere was die Theorie des Transports durch Membransysteme in Verbindung zu biologischen Membranen betrifft. Das Buch zeigt aber auch die derzeitigen Grenzen und offenen Stellen bei der Erforschung der Membranphänomene, z. B. im Zusammenhang mit der Struktur und Funktion des Wassers in Membranen und für den Transport. In den bisher angekündigten Bänden ist eine umfassende konstruktive und charakterisierende Abhandlung von Polymermembranen mit Transporteigenschaften noch nicht vorgesehen.

Zweifellos wird dieser Band dazu dienen, die Biophysiker, Physiker, Chemiker und Biologen in ihrem Bemühen zu stimulieren, die Phänomene in biologischen Membranen aufzuklären und geeignete Modellsysteme zu finden und zu konstruieren.

H. J. Purz

Patentschau

*Auszug aus der Lieferung 5/1974 der Patentschau „Faserstoffe und Textiltechnik“,
Ausgabe A: Chemiefaserstoffe einschl. Polymere und organ. Ausgangsstoffe, zusammengestellt von der Abteilung
Information und Dokumentation des Instituts für Polymerenchemie der AdW der DDR, 153 Teltow-Seehof, Kantstr. 55*

Die Patentschau ist nach der Internationalen Patentklassifikation (IPC) gegliedert. Es bedeuten: DLP = DDR-Patent; DTP = Deutsches Bundespatent; DTA = (West)Deutsche Auslegeschrift; DTO = (West)Deutsche Offenlegungsschrift; OEP = Oesterreichisches Patent; POP = Polnisches Patent; CHP = Schweizer Patent; FRP = Französisches Patent; GBP = Britisches Patent; JAP = Japanisches Patent; SWP = Schwedisches Patent; SUP = Sowjetisches Patent; CSP = Tschechoslowakisches Patent USP = Amerikanisches Patent; A. = Anmeldedatum, O. bzw. B. = Tag der Ausgabe der Patent-, Offenlegungs- bzw. Auslegeschrift.

Sektion C. Chemie und Metallurgie

CHEMIE

C 01. Anorganische Chemie

C 01b. Nicht-metallische Elemente, Metalloide und ihre Verbindungen, außer den unter C 01c aufgeführten

GBP 1344374. Thermische Pyrolyse von Faserstoffen. Inh.: *V. P. Sosedov*. A. 3. 8. 71, B. 23. 1. 74. Kl.: C1.A, Int. Kl.: C 01b 31/07. A.-Z.: 36395/71.

JAP 7334092. Kohlenstoffaden, -textilien und -film. Erf.: *Akira Nagasaka*, *Hidetomo Ashidaka*, *Yoshihiro Kusuki*, *Toshimune Yoshinaga* u. *Denichi Oda*. Inh.: Ube Industries, Ltd. A. 3. 9. 71, B. 15. 5. 73. Kl.: 14 E 21. A.-Z.: 7167364.

USP 3692577. Kohlenstoffäden. Erf.: *Cyril G. Evans*. Inh.: John Heathcoat and Co., Ltd., Tiverton, Devon (GB). A. 2. 12. 69, B. 19. 9. 72. Kl.: 117-225, Int. Kl.: C 23c 13/04. 19 Anspr. A.-Z.: 881490.

USP 3767773. Verfahren zur Herstellung von Kohlenstoffartikeln. Erf.: *William Neil Turner* u. *Frank Charles Johnson*. Inh.: The Secretary of State for Defence, London (GB). A. 30. 10. 70, B. 23. 10. 73. Kl.: 423 – 447, Int. Kl.: C 01b 31/02, 31/67. 6 Anspr. A.-Z.: 85486.

C 03. Glas; Mineral- und Schlackenwolle

C 03b. Herstellung, Formgebung und Nachbehandlungsverfahren

SUP 411049 (Urheberschein). Vorrichtung zum Schneiden fasriger Materialien. Erf.: *V. I. Krasil'nikov*, *V. V. Karpušin*, *P. N. Čistova* u. *L. L. Šeglov*. A. 25. 3. 71, B. 15. 1. 74. Int. Kl.: C 03b 37/02, 33/10, B 26d 1/24. A.-Z.: 1637798/29 – 33.

SUP 411050 (Urheberschein). Mechanismus für das Erspinnen von Fäden. Erf.: *V. A. Grekov* u. 18 weitere. A. 9. 9. 71, B. 15. 1. 74. Int. Kl.: C 03b 37/06. A.-Z.: 1697952/29 – 33.

USP 3692507. Herstellung von Alkalimetallsilicatfaserstoffen. Erf.: *Kurt P. Gladney* u. *Ramesh P. Rao*. Inh.: Fiberglas Canada Ltd., Toronto, Ontario (CA). A. 29. 12. 69, B. 19. 9. 72. Kl.: 65-2, Int. Kl.: C 03b. A.-Z.: 888989.

C 03c. Chemische Zusammensetzung von Gläsern, Glasuren oder Emails; Oberflächenbehandlung von Glas; Verbinden von Glas mit Glas oder anderen Stoffen

USP 3772870. Schlichtekomposition und damit geschlichteter Glasfaserstoff. Erf.: *Robert Wong*, *Martin C. Flautt* u. *Richard M. Haines*. Inh.: Owens-Corning Fiberglas Corp., Toledo, Ohio. A. 7. 6. 71, B. 20. 11. 73. Kl.: 57-140 G, Int. Kl.: D 02g 3/18, 3/36. 1 Anspr. A.-Z.: 150723.

C 07. Organische Chemie

C 07c. Acyclische und carbocyclische Verbindungen

GBP 1346737. Verfahren zur Reinigung von Acrylsäure. Inh.: Standard Oil Co. A. 8. 2. 72, B. 13. 2. 74. Kl.: C2.C, C3.P, Int. Kl.: C 07c 57/04, C 08f 3/44. A.-Z.: 5738/72.

GBP 1346775 (ausgesch. aus Pat. 1346774). Verfahren zum Entfernen des Copolymerisationsinhibitors Piperidin-1-oxyl aus Acrylnitril. Inh.: BP Chemicals Ltd. A. 30. 9. 71, B. 13. 2. 74. Kl.: C2.C, Int. Kl.: C 07c 121/32. A.-Z.: 45556/71

C 07d. Heterocyclische Verbindungen, die nur Sauerstoff als Heteroatom oder -atome enthalten

DTO 2338784. Verfahren zur Abscheidung von Lactamen. Erf.: *Abraham Hermanus de Rooij* u. *Reijer Goettsch*. Anm.: Stamicarbon B. V., Geleen (NL). A. 31. 7. 73, B. 14. 2. 74. Kl.: 12p, 5, Int. Kl.: C 07d 41/06. A.-Z.: P 2338784 (Zus. z. Anm. m. A.-Z.: P 2260014). Prior.: 3. 8. 72 (NL; A.-Z.: 7210626). Vgl. auch DTO 2338257.

C 08. Makromolekulare Verbindungen; ihre Herstellung und chemische Verarbeitung; auf diesen Verbindungen beruhende Gemische

C 08b. Polysaccharide und deren Derivate

SUP 411094 (Urheberschein). Verfahren zum Regenerieren verbrauchter Acetylierungsgemische. Erf.: *E. P. Kuznecova* u. 5 weitere. A. 14. 1. 71, B. 15. 1. 74. Int. Kl.: C 08b 3/32. A.-Z.: 1610321/23 – 5.

C 08f. Polymerisationsprodukte

GBP 1344060. Polymerisation vinylaromatischer Monomerer. Inh.: BP Chemicals Ltd. A. 14. 6. 71, B. 16. 1. 74. Kl.: C3.P, Int. Kl.: C 08f 1/11. A.-Z.: 29796/70. Entspr. DTO 2130375 u. FRP 2099192.

JAP 7325779. Lösungspolymerisation von ungesättigten Carbonsäuren. Erf.: *Nobuaki Minamii, Yukio Inoue, Teruo Uchida* u. *Joji Nagaoka*. Inh.: Wako Pure Chemical Industries Ltd. A. 9. 8. 71, B. 4. 4. 73. Kl.: 26(3) B 15. A.-Z.: 7159629.

JAP 7336286. Suspensionspolymerisation von Vinylchlorid. Erf.: *Shunichi Koyanagi, Hajime Kitamura* u. *Toshihide Shimizu*. Inh.: Shinetsu Chemical Industry Co. Ltd. A. 13. 9. 71, B. 28. 5. 73. Kl.: 26(3) B 121.5. A.-Z.: 7170701. Entspr. DTO 2209592, FRP 2152506 u. GBP 1333368.

USP 3767635. Verfahren zur Polymerisation von Olefin. Erf.: *Kazuo Yamaguchi, Masayoshi Hasuo* u. *Isao Ito*. Inh.: Mitsubishi Chemical Industries. Ltd., Tokio (JA). A. 3. 12. 71, B. 23. 10. 73. Kl.: 260-88,2 R, Int. Kl.: C 08f 1/54, 3/06, 15/40. 7 Anspr. A.-Z.: 204749. Prior.: 11. 12. 70, 15. 12. 70 (JA; A.-Z.: 45/110253, 45/112257). Entspr. DTO 2161421 u. FRP 2117652.

USP 3773742 (ausgesch. aus Pat. 3712874. A. 2. 2. 71. A.-Z.: 112017). Tetraneopentyltitan und dessen Anwendung als Polymerisationskatalysator. Erf.: *Walter M. Kruse*. Inh.: Hercules Inc., Wilmington, Del. A. 22. 5. 72, B. 20. 11. 73. Kl.: 260-94,9 B, Int. Kl.: C 08f 1/30, 1/42, 3/06. 8 Anspr. A.-Z.: 255886. A.-Z.: 112017 entspr. FRP 2124419.

USP 3692718. Polymerisation von Vinylchlorid in der Gasphase. Erf.: *Jean Pierre Golstein*. Inh.: Solvay & Cie., Brüssel (BE). A. 22. 6. 70, B. 19. 9. 72. Kl.: 260-23 XA, Int. Kl.: C 08f 1/00. 10 Anspr. A.-Z.: 48185 (Zus. z. Pat. m. A.-Z.: 663540. A. 28. 8. 67). Prior.: 29. 8. 66 (BE; A.-Z.: 32626). Entspr. DLP 63170, DTA 1745409, OEP 284438 u. FRP 1535224.

CHP 547318. Verfahren zur Polymerisation von Äthylen. Erf.: *Enrico Cernia, Arturo Rio, Natale Ercole Malacari* u. *Corrado Mancini*. Inh.: Asfalti, Bitumi, Cementi e Derivati S.p.A., via Lombardia 31, Rom (IT). A. 26. 2. 65, Int. Kl.: C 08f 3/04. A.-Z.: 2757/65. Prior.: 10. 3. 64 (IT; A.-Z.: 5195/64). Entspr. DTO 1570197, FRP 1429582 u. GBP 1105174.

GBP 1343781. Polymerisation von Olefinen. Inh.: Shell Internationale Research Maatschappij N. V. A. 19. 4. 71, B. 16. 1. 74. Kl.: C3.P, Int. Kl.: C 08f 1/32. A.-Z.: 15945/70. Entspr. FRP 2089041.

USP 3692763. Hochdruckpolymerisation von Äthylen und Vorrichtung dazu. Erf. u. Inh.: *Pieter Van Saane*, Beatrixlaan 21, Geleen; u. *Robert J. M. Paumen*, Rijksweg N. 296, Sittard (NL). A. 17. 9. 70, B. 19. 9. 72. Kl.: 260-94,9 P, Int. Kl.: C 08f 3/04, 1/60, 1/98. 14 Anspr. A.-Z.: 73170. Prior.: 19. 9. 69 (NL; A.-Z.: 6914299). Entspr. DTO 2046223, FRP 2062923 u. GBP 1312639.

JAP 7333000. Polymerisation substituierter Phenole unter Sauerstoffeinwirkung. Erf.: *Akinori Nishioka, Shigeru Kato, Mitsuhiko Sakakibara* u. *Mitsuo Ichikawa*. Inh.: Japan Synthetic Rubber Co. Ltd. A. 1. 9. 71, B. 4. 5. 73. Kl.: 26(5) 1441. A.-Z.: 7167099.

JAP 7229476. Acrylnitril enthaltende Polymere. Erf.: *Hiroshi Sakai, Satoshi Hamada, Hideji Kitagawa* u. *Eiji Mukoyama*. Inh.: Toray Industries, Inc. A. 8. 2. 71, B. 6. 11. 72. Kl.: 26(3) 171. A.-Z.: 7104722.

JAP 7240869. Copolymere aus Acrylnitril und Vinylacetat oder Vinylchlorid. Erf.: *Akihiro Kawasaki* u. *Masanobu Taniguchi*. Inh.: Maruzen Oil Co. Ltd. A. 3. 4. 69, B. 16. 10. 72. Int. Kl.: C 08f, B 01j. A.-Z.: 6925220.

USP 692872. Herstellung von Pfropf-, Block- und vernetzten ungesättigten Polymeren und Copolymeren durch Olefinmetathese. Erf.: *Nissim Calderon* u. *Kenneth W. Scott*. Inh.: The Goodyear Tire & Rubber Co., Akron, Ohio. A. 4. 12. 69, B. 19. 9. 72. Kl.: 260-878 R, Int. Kl.: C 08f 15/04. 6 Anrpr. A.-Z.: 882270. Entspr. DTO 2058198.

USP 3773734. Äthylen- und α-Olefincopolymere und Herstellungsverfahren Erf.: *Salvatore Cucinella* u. *Alessandro Mazzei*. Inh.: Snam Progetti S.p.A., San Donator Milanese (IT). A. 6. 11. 70, B. 20. 11. 73. Kl.: 260-88,2 R, Int. Kl.: C 08f 15/04. 7 Anspr. A.-Z.: 87497. Prior.: 7. 11. 69 (IT; A.-Z.: 24109/69). Entspr. DTO 2051936 u. FRP 2071811.

GBP 1346764. UV-absorbierende Filterschichten. Inh.: Agfa-Gevaert. A. 19. 4. 71, B. 13. 2. 74. Kl.: G2.C, C2.C, C3.P, C4.P, G2.J, Int. Kl.: G 03c 1/00, C 07d 55/04, C 08f 19/00. A.-Z.: 27977/70.

DTO 2336342. Verfahren zur Herstellung und Verwendung von fixierten Übergangsmetall-Katalysatoren. Erf.: *Graeme Gilroy*. Anm.: Atomic Energy of Canada Ltd., Ottawa (CA). A. 17. 7. 73, B. 7. 2. 74. Kl.: 39b4, 27/04, Int. Kl.: C 08f 27/04. A.-Z.: P 2336342. Prior.: 19. 7. 72 (CA; A.-Z.: 147481).

OEP 314827. Verfahren zu der Herstellung halogenhaltiger kautschukartiger Mischpolymerisate. Inh.: Stamicarbon N. V., Heerlen (NL). A. 22. 12. 72, B. 15. 8. 73. Kl.: 39b, 12, Int. Kl.: C 08f 27/03. A.-Z.: 11011/72. Prior.: 23. 12. 71 (NL; A.-Z.: 7117709).

DTO 2240888. Mittel zum Flammfestmachen von Polystyrol oder styrolhaltigen Mischpolymerisaten. Erf.: *Ernst Neukirchen, Hans-Eberhard Praetzel* u. *Herbert Jenker*. Anm.: Chemische Fabrik Kalk GmbH, 5000 Köln (DT). A. 19. 8. 72, B. 28. 2. 74. Kl.: 39b4, 33/02, Int. Kl.: C 08f 33/02. A.-Z.: P 2240888.

JAP 7229481. Polyolefine mit guter Anfärbbarkeit. Erf.: *Shiro Konotsune, Kanji Kaku, Kazuyuki Watanabe, Mitsuo Asaba* u. *Mitsuru Katho*. Inh.: Chisso Corp. A. 16. 2. 72, B. 6. 11. 72. Kl.: 26(3) E 11. A.-Z.: 7106919.

JAP 7230792. Pfropfcopolymerisation. Erf.: *Kiyoshige Hayashi, Akihiro Kawasaki* u. *Masanobu Taniguchi*. Inh.: Maruzen Oil Co. Ltd. A. 22. 1. 71, B. 9. 11. 72. Kl.: 26(3) E 11. A.-Z.: 7108020. Vgl. auch JAP 7330793.

JAP 7328722. Pfropfen von Acrylnitril auf Polyvinylchloridfäden unter Anwendung von Strahlung zur Verbesserung der Wärmestabilität. Erf.: *Kazuo Umetsu, Shigenobu Hirabayashi, Nobutake Yoshinaga* u. *Kiyoshi Yusa*. Inh.: Toyo Kagaku Co. Ltd. A. 20. 8. 71, B. 16. 4. 73. Kl.: 42 D 231, 48 DO, 26(3) C 171. A.-Z.: 7163461.

SUP 410043 (Urheberschein). Verfahren zur Herstellung von Wachs. *L. A. Nesterova* u. 5 weitere. A. 10. 3. 71, B. 5. 1. 74. Int. Kl.: C 08f 27/22. A.-Z.: 1631748/23 – 5.

USP 3767628 (ausgesch. aus Pat. 3658769. A. 23. 6. 69. A.-Z.: 835741). Alterungsstabilisatoren und alterungsbeständige Polymerkompositionen. Erf.: *Richard H. Kline*. Inh.: The Goodyear Tire & Rubber Co., Akron, Ohio. A. 17. 1. 72, B. 23. 10. 73. Kl.: 260-78 UA, Int. Kl.: C 08d 3/06, C 08f 27/08, C 08g 20/20. 15 Anspr. A.-Z.: 218467. A.-Z.: 835741 entspr. OEP 311043.

SUP 411102 (Urheberschein). Kalthärtende Polymerkomposition. Erf.: *E. N. Šakirova* u. 4 weitere. Anm.: Institut chimii AN Uzbekskoj SSR. A. 22. 4. 71, B. 15. 1. 74. Int. Kl.: C 08f 29/46, 29/50. A.-Z.: 1649101/23 – 5.

DTO 2238940. Permanent antistatische Acrylnitrilpolymerisate. Erf.: *Helmut Engelhard, Günter Blankenstein* u. *Ulrich Reinehr*. Anm.: Bayer AG, 4090 Leverkusen (DT). A. 8. 8. 72, B. 21. 2. 74. Kl.: 39b4, 29/54, Int. Kl.: C 08f 29/54A. .-Z.: P 2238940.

SUP 410049 (Urheberschein). Komposition auf der Basis von Polyvinylchlorid. Erf.: *G. A. Razuvaev* u. 7 weitere. A. 7. 1. 71, B. 5. 1. 74. Int. Kl.: C 08f 29/18, 45/62. A.-Z.: 1609039/23 – 5.

DTO 2239356. Styrolpolymerisate mit verbesserter Fließfähigkeit. Erf.: *Hermann Gausepohl, Heinrich Pasedach, Helmut Vogel* u. *Wolfgang Günther*. Anm.: BASF AG, 6700 Ludwigshafen (DT). A. 10. 8. 72, B. 21. 2. 74. Kl.: 39b4, 33/02, Int. Kl.: C 08f 33/02. A.-Z.: P 2239356.

USP 3773741. Verstärktes Polypropylen. Erf.: *Dominic A. Berta*. Inh.: Hercules Inc., Wilmington, Del. A. 20. 3. 72, B. 20. 11. 73. Kl.: 260-93,7, Int. Kl.: C 08f 29/02. 2 Anspr. A.-Z.: 236451.

GBP 1343077. Halogenierte Polyoxadiazole. Inh.: Imperial Chemical Industries Ltd. A. 14. 5. 71, B. 9. 1. 74. Kl.: C3.R, Int. Kl.: C 08g 33/04. A.-Z.: 14873/71 (verw. Anm. m. A.-Z.: 53814. A. 19. 11. 71). Entspr. DTO 2223624 u. USP 3775382.

SUP 411103 (Urheberschein). Monodisperse Suspension auf der Basis von Polystyrollatex. Erf.: *N. R. Amnuil* u. 6 weitere. A. 29. 7. 70, B. 15. 1. 74. Int. Kl.: C 08f 33/02. A.-Z.: 1463085/23 – 5.

GBP 1345127. Ester. Verfahren zu ihrer Herstellung und ihre Verwendung als Stabilisatoren. Inh.: Intercooperation kereskedelemfejlesztesi. A. 30. 3. 72, B. 30. 1. 74. Kl.: C2.C, C3.P, Int. Kl.: C 07c 69/80, 69/60, C 08f 45/62. A.-Z.: 15067/72. Prior.: 1. 4. 71 (HU; A.-Z.: 2217). Entspr. FRP 2132265.

GBP 1345542. Stabilisierung von Polyolefinprodukten. Inh.: Montecatini Edison S.p.A. A. 3. 5. 71, B. 30. 1. 74. Kl.: C3.P, Int. Kl.: C 08f 45/58. A.-Z.: 12823/71. Prior.: 4. 5. 70 (IT; A.-Z.: 24148). Entspr. DTO 2122069, OEP 312299, FRP 2091104 u. USP 3749694.

USP 3692879. Polyphosphite. Erf.: *Kenneth H. Rattenbury* u. *Millard S. Larrison*. Inh.: Watson Chemical Corp., New York, N. Y. A. 15. 1. 70, B. 19. 9. 72. Kl.: 260-928, Int. Kl.: C 07f 9/06, C 10*m* 1/48, C 08f 45/58. 7 Anspr. A.-Z.: 3247.

GBP 1346 999. Stabilisatoren für Vinylchloridharze. Inh.: Interstab Ltd. A· 27. 9. 71, B. 13. 2. 74. Kl.: C3.P, Int. Kl.: C 08f 45/62, 29/18. A.-Z.: 46922/70. Entspr. FRP 2199945.

USP 3767614 (ausgesch. aus Pat. 3646081. A. 22. 9. 69, B. 29. 2. 72. A.-Z.: 860094). Polymere Zinnmercaptid-Stabilisatoren für Vinylhalogenidpolymere. Erf.: *Bernard Buchholz*. Inh.: Pennwalt Corp., Philadelphia, Pa. A. 9. 11. 71, B. 23. 10. 73. Kl.: 260-45,75 K, Int. Kl.: C 08f 45/62. 3 Anspr. A.-Z.: 197144. A.-Z.: 860094 entspr. FRP 2061411 u. GBP 1261150.

USP 3773722 (ausgesch. aus Pat. 3660438. A. 13. 4. 70. A.-Z.: 28048; u. Zus. z. Pat. m. A.-Z.: 811664. A. 28. 3. 69). Mit Alkylhydroxyphenylalkanoylhydrazinen stabilisierte synthetische organische polymere Substanzen. Erf.: *Martin Dexter*. Inh.: Ciba-Geigy Corp., Ardsley, N. Y. A. 3. 3. 72, B. 20. 11. 73. Kl.: 260-45,75 C, Int. Kl.: C 08f 45/56. 9 Anspr. A.-Z.: 231718. A.-Z.: 811664 entspr. CHP 522018 u. FRP 2040089.

JAP 7342045. Flammfeste Acrylnitrilpolymerkompositionen. Erf.:*Keitaro Shimeda, Isamu Obama* u. *Yozo Shiomi*. Inh.: Nihon Exlan Co. Ltd. A. 28. 9. 71, B. 19. 6. 73. Kl.: 25(1) C 178, 25(1) C 121.83. A.-Z.: 7175661.

SUP 410050 (Urheberschein). Komposition zur Herstellung eines thermostabilen Polymeren. Erf.: *Ju. D. Semčikov* u. 8 weitere. A. 10. 1. 72, B. 5. 1. 74. Int. Kl.: C 08f 37/06, 29/46, 45/56. A.-Z.: 1736031/23 – 5.

USP 3773698. Stabilisierte, aus der Schmelze verarbeitbare Äthylen-Chlortrifluoräthylen-Copolymerkompositionen. Erf.: *Ghazi Khattab*. Inh.: Allied Chemical Corp., New York, N. Y. A. 16. 3. 71, B. 20. 11. 73. Kl.: 260-23 XA, Int. Kl.: C 08f 45/62. 14 Anspr. A.-Z.: 124911. Entspr. DTO 2212359 u. FRP 2129717.

C 08g. Polykondensations- und Polyadditionsprodukte

USP 3692653. Geformte Gegenstände mit verbesserten Oberflächenbinde- und Klebeigenschaften sowie verbesserter Dehnung. Erf.: *Arthur H. Drelich* u. *Bobby R. Bowman*. Inh.: Johnson & Johnson. A. 14. 10. 69, B. 19. 9. 72. Kl.: 204-165, Int. Kl.: C 08f 47/22, 3/08. 3 Anspr. A.-Z.: 866221.

JAP 7303713. Polymerisation oder Copolymerisation von Formaldehyd. Erf.: *Shinichi Ishida, Kyoichiro Mori* u. *Kunio Sato*. Inh.: Asahi Chemical Industry Co. Ltd. A. 30. 11. 65, B. 1. 2. 73. Int. Kl.: C 08g, B 01j. A.-Z.: 6573317.

JAP 7304109. Verestertes Polyoxymethylen. Erf.: *Shinichi Ishida, Noboru Oshima, Junzo Ohtake* u. *Toshiaki Yamazaki*. Inh.: Asahi Chemical Industry Co. Ltd. A. 8. 4. 70, B. 5. 2. 73. Int. Kl.: C 08g. A.-Z.: 7029303.

CHP 547322. Verfahren zur Herstellung von linearen Polyestern. Erf.: *Bernhard Stoll* u. *Wolfgang Griehl*. Inh.: Inventa AG für Forschung und Patentverwertung Zürich, Zürich (CH). A. 18. 2. 71. Int. Kl.: C 08g 17/06. A.-Z.: 2390/71.

JAP 7232993. Umesterungskatalysatoren für aromatische Polyester. Erf. *Kiyokazu Tsunawaki, Shigeru Sasama, Katsuhisa Watanabe* u. *Kiyoshi Kawata*. Inh.: Teijin Ltd. A. 26. 8. 71, B. 4. 5. 73. Kl.: 26(5) D 12. A.-Z.: 7165468.

JAP 7245198. Hydrolysebeständiger Polyester aus aromatischem Diol, Polytetramethylenglykol und aliphatischen sowie aromatischen Säuren. Erf.; *Akihiro Nishimura, Hideki Komagata, Hiroshi Matsumoto, Masahatsu Ohkuchi* u. *Shoji Shindo*. Inh.: Toyo Spinning Co. Ltd. A. 23. 8. 66, B. 14. 11. 72. Int. Kl.: C 08g, D 01f, C 07c. A.-Z.: 6655633.

JAP 7302946. Verbesserte Polyester. Erf.: *Keishiroh Iki* u. *Masao Mizuno*. Inh.: Kuraray Co. Ltd. A. 29. 12. 69, B. 27. 1. 73. Int. Kl.: C 08g, k, D 01f. A.-Z.: 70821.

JAP 7302947. Verbesserte Polyester. Erf.: *Masao Mizuno* u. *Keishiroh Iki*. Inh.: Kuraray Co. Ltd. A. 29. 12. 69, B. 27. 1. 73. Int. Kl.: C 08g,k, D 01f. A.-Z.: 70822.

JAP 7307270. Polyester. Erf.: *Mizuyuki Nagasawa, Shigeru Yamanaka, Tetsuya Miyamoto* u. *Shegeomi Murakami*. Inh.: Toray Industries, Inc. A. 3. 9. 68, B. 3. 3. 73. Int. Kl.: C 08g, C 07c, B 01j. A.-Z.: 6862768.

USP 3692745. Verfahren zum chemischen Modifizieren fadenbildender Polyester. Erf.: *Eenje Molenaar*. Inh.: Akzona Inc., Asheville, N. C. A. 19. 1. 71, B. 19. 9. 72. Kl.: 260-75 T, Int. Kl.: C 08g 17/14. 6 Anspr. A.-Z.: 107858. Prior.: 24. 1. 70 (NL; A.-Z.: 7001022). Entspr. DTO 2102798, FRP 2077307 u. GBP 1275898.

USP 3767621. Verfahren zur Herstellung von Polyestern aus Hydroxybenzoesäuren und deren Derivaten und daraus hergestellte Polyesterprodukte. Erf.: *Mamoru Suzuki, Mikio Hayashi, Kazuo Hieda, Yoshiro Murata, Motomasa Ohsu, Kazumi Yoshigoe* u. *Norio Kotera*. Inh.: Sumitomo Chemical Co., Ltd., Osaka (Ja). A. 27. 12. 71, B. 23. 10. 73. Kl.: 260-47 C, Int. Kl.: C 08g 17/02. 4 Anspr. A.-Z.: 122695. Prior.: 29. 12. 70 (JA; A.-Z.: 46/124422). Entspr. DTO 2164473 u. FRP 2120072.

USP 3775373. Thermoplastische Segmentcopolyester. Erf.: *James Richard Wolfe jr.* Inh.: E. I. du Pont de Nemours and Co., Wilmington, Del. A. 30. 5. 72, B. 27. 11. 73. Kl.: 260-75 R, Int. Kl.: C 08g 17/08. 9 Anspr. A.-Z.: 257664. Entspr. DTO 2327668.

USP 3775374. Thermoplastische Copolyätherester auf Basis Naphthalin-2,6-dicarbonsäure. Erf.: *James Richard Wolfe jr.* Inh.: E. I. du Pont de Nemours and Co., Wilmington, Del. A. 5. 6. 72, B. 27. 11. 73. Kl.: 260-75 R, Int. Kl.: C 08g 17/08. 8 Anspr. A.-Z.: 259676. Entspr. DTO 2 328528.

USP 3776886 (ausgesch. aus Pat. 3725343, S. 25/74. A. 4. 11. 71. A.-Z.: 195858; u. ausgesch. aus Pat. 3646223. A. 18. 4. 68. A.-Z.: 722204). Polyester aus 1,4-Dialkyl-1,4-cyclohexandicarbonsäuren und organischen Diolen. Erf.: *Ralph C. Schreyer.* Inh.: E. I. du Pont de Nemours and Co., Wilmington, Del. A. 20. 12. 72, B. 4. 12. 73. Kl.: 260-47 C, Int. Kl.: C 08g 17/08. 4 Anspr. A.-Z.: 316745. A.-Z.: 195858 u. 722204 entspr. FRP 2006477 u. GBP 1276141.

DTO 2237958. Aromatische Polyamide. Erf.: *Werner Nielinger, Heinrich Haupt, Hans Rudolph, Hugo Vernaleken* u. *Günter Blankenstein.* Anm.: Bayer AG, 5090 Leverkusen (DT). A. 2. 8. 72, B. 14. 2. 74. Kl.: 39b5, 20/20, Int. Kl.: C 08g 20/20. A.-Z.: P 22à7958.

DTO 2239734. Verfahren zur Herstellung von Polyamiden. Erf.: *Eckart Reske.* Anm.: Farbwerke Hoechst AG vorm. Meister Lucius & Brüning, 6000 Frankfurt (DT). A. 12. 8. 72, B. 21. 2. 74. Kl.: 39b5, 20/20, Int. Kl.: C 08g 20/20. A.-Z.: P 2239734.

GBP 1341945. Hochmolekulare, wärmebeständige, aromatische, heterocyclische Polyamide und ein Verfahren zu ihrer Herstellung. Inh.: Vsesojuzny nauchno-issledovatelsky institut iskusstvennogo volokna. A. 5. 4. 72, B. 12. 12. 73. Kl.: C3.R, Int. Kl.: C 08g 20/20, 33/02. A.-Z.: 15657/72.

GBP 1346631. Enzyme. Inh.: Ranks Hovis McDougall Ltd. A. 28. 1. 72, B. 13. 2. 74. Kl.: C3.H, C3.R, C3.U, Int. Kl.: C 07g 7/02, C 08b 19/04, 19/08, C 08g 20/38. A.-Z.: 4378/71.

GBP 1346798. Verfahren zur Herstellung von Polyamiden. Inh.: Imperial Chemical Industries Ltd. A. 6. 10. 72, B. 13. 2. 74. Kl.: C3.R, Int. Kl.: C 08g 20/20. A.-Z.: 51717/71. Entspr. DTO 2252933 u. FRP 2159334.

JAP 7302953. Wärmebeständiges Polymeres. Erf.: *Muneyoshi Minami.* Inh.: Toray Industries, Inc. A. 22. 9. 69, B. 27. 1. 73. Int. Kl.: C 08g. A.-Z.: 6974604.

JAP 7302959. Polyamidsäure. Erf.: *Noriyoshi Ohkubo, Hiroyuki Soejima, Tsutomu Shirhata* u. *Nobuyuk Nakamura.* Inh.: Furukawa Electric Co. Ltd. A. 27. 10. 69, B. 27. 1. 73. Int. Kl.: C 08g. A.-Z.: 6985821.

JAP 7303719. Wärmebeständiges Polymeres. Erf.: *Ryohei Oda, Tatsuya Shono* u. *Tohru Takasaka.* Inh.: Mitsubishi Gas Chemical Industry Co. Ltd. A. 30. 3. 68, B. 1. 2. 73. Int. Kl.: C 08g. A.-Z.: 6820623.

SUP 410057 (Urheberschein). Verfahren zur Herstellung von Polyimiden. Erf.: *V. V. Koršak* u. 7 weitere. A. 11. 11. 71, B. 5. 1. 74. Int. Kl.: C 08g 20/32. A.-Z.: 1714023/23–5.

SUP 411106 (Urheberschein). Verfahren zur Herstellung gepfropfter Polyamide. Erf.: *G. A. Gabrieljan, T. V. Družinina, B. A. Muchin* u. *Z. A. Rogovin.* A. 29. 11. 71, B. 15. 1. 74. Int. Kl.: C 08g 20/38. A.-Z.: 1719844/23–5.

USP 3773737. Hydrolysierbare Polymere von Aminosäure und Hydroxysäuren. Erf.: *Murray Goodman* u. *Gerald S. Kirshenbaum.* Inh.: Sutures, Inc., Coventry, Conn. A. 9. 6. 71, B. 20. 11. 73. Kl.: 260–78 A, Int. Kl.: C 08g 20/30. 19 Anspr. A.-Z.: 151577. Entspr. DTO 2162157 u. FRP 2140368.

USP 3775378. Chemische Bindung einer Aminosäure an einem chlorsulfonierten polymeren Carrier. Erf.: *Johannes J. Dahlmans* u. *Pieter L. Kerkhoffs.* Inh.: Stamicarbon N. V. ,Heerlen (NL). A. 21. 10. 70, B. 27. 11. 73. Kl.: 260–78 A, Int. Kl.: C 08g 20/08. 7 Anspr. A.-Z.: 82831. Prior.: 25. 10. 69 (NL; A.-Z.: 6916122). Entspr. DTO 2052212.

OEP 314831. Verfahren zur Herstellung von Urethangruppen aufweisenden Kunststoffen. Inh.: Bayer AG, Leverkusen (DT). A. 13. 8. 71, B. 15. 8. 73. Kl.: 39b, 21, Int. Kl.: C 08g 22/00. A.-Z.: 7103/71. Prior.: 17. 8. 73 (DT; A.-Z.: P 2040650). Entspr. FRP 2104442.

USP 3692707. Vorpolymere und flammfeste Polyurethane daraus. Erf.: *Ronnie M. Pruit* u. *Howard D. Jones.* Inh.: The Dow Chemical Co., Midland, Mich. A. 19. 8. 70, B. 19. 9. 72. Kl.: 260–2,5 AJ, Int. Kl.: C 08g 22/18, 22/48. 11 Anspr. A.-Z.: 65242.

USP 3773701. Herstellung von Polyurethanen. Erf.: *Freferic Christian Loew* u. *Edward Stone.* Inh.: Inmont Corp., New York, N. Y. A. 2. 3. 72. B. 20. 11. 73. Kl.: 260–32,6 NR, Int. Kl.: C 08g 51/44, 51/46. 14 Anspr. A.-Z.: 231433 (Zus. z. Pat. m. A.-Z.: 33886. A. 1. 5. 70; u. Pat. m. A.-Z.: 819337. A. 26. 4. 69). A.-Z.: 819337 vgl. auch USP 3709864 u. entspr. DLP 84931 u. CHP 524657.

SUP 410040 (Urheberschein). Verfahren zur Herstellung von Polyperfluorpropylenoxid. Erf.: *V. Ja. Kazakov, N. A. Rjabinin, V. A. Klimov,* u. *D. M. Ovsjannikov.* Anm.: Institut chimii Ural'skogo naučnogo centra AN SSSR. A. 16. 8. 71, B. 5. 1. 74. Int. Kl.: C 08f 3/32, C 08g 23/00. A.-Z.: 1692538/23–5.

SUP 410059 (Urheberschein). Verfahren zur Herstellung wasserlöslicher Copolymerer. Erf.: *A. A. Il'čenko, F. N. Ajginin, F. P. Sidel'nikovskaja* u. *V. A. Ponomarenko.* Anm.: Institut organičeskoj chimii im. N. D. Zelinskogo. A. 24. 1. 72, B. 5. 1. 74. Int. Kl.: C 08g 23/02. A.-Z.: 1740569/ 23–5.

JAP 7302955. Wärmebeständiges Polymeres. Erf.: *Muneyoshi Minami.* Inh.: Toray Industries, Inc. A. 25. 11. 69, B. 27. 1. 73. Int. Kl.: C 08g. A.-Z.: 6994129.

USP 3773720. Polyarylsulfone. Erf.: *Herward A. Vogel.* Inh.: *Minnesota* Mining and Manufacturing Co., St. Paul, Minn. A. 13. 5. 63, B. 20. 11. 73. Kl.: 260–49, Int. Kl.: C 08g 33/10. 9 Anspr. A.-Z.: 280088.

DTO 2238742. Formkörper auf der Basis eines wärmehärtbaren Harzes. Erf.: *Hanspeter Schulz* u. *Hermann Wallhäußer.* Anm.: Chemische Werke Albert AG, 6202, Wiesbaden-Biebrich (DT). A. 5. 8. 72, B. 7. 2. 74. Kl.: 39b5, 37/32, Int. Kl.: C 08g 37/32. A.-Z.: P 2238742.

USP 3767625 (ausgesch. aus Pat. 3646153, A. 17. 10. 69. A.-Z.: 867368). Synthesefaserstoffe mit verbesserten schmutz- und fleckabweisenden Eigenschaften. Erf.: *Bryce C. Oxenrider* u. *Cyril Woolf.* Inh.: Allied Chemical Corp., New York ,N. Y. A. 6. 12. 71, B. 23. 10. 73. Kl.: 260–75 N, Int. Kl.: C 08g 39/04. 4 Anspr. A.-Z.: 205424. A.-Z.: 867368 entspr. DTO 2049642, FRP 2065912 u. GBP 1296426.

USP 3773857. Polyurethan mit Copolymeren von Dialkylaminoalkylacrylaten oder -methacrylaten. Erf.: *Xunio Kondo, Kiyoshi Ichikawa* u. *Yasuji Nakahara.* Inh.: Asahi Kasei Kogyo Kabushiki Kaisha. A. 17. 5. 72, B. 20. 11. 73. Kl.: 260–859 R, Int. Kl.: C 08g 41/04. 8 Anspr. A.-Z.: 254226. Prior.: 19. 5. 71 (JA; A.-Z.: 46/33309). Entspr. DTO 2224641.

GBP 1346421. Stabilisierung von Polyamiden. Inh.: Imperial Chemical Industries Ltd. A. 19. 4. 71, B. 13. 2. 74. Kl.: C3.R, Int. Kl.: C 08g 51/54, 41/02. A.-Z.: 17385/70. Entspr. DTO 2117814.

USP 3692730. Entformungsmittel für Polyamide. Erf.: *Willard M. Sims.* Inh.: Foster Grant Co., Inc., Leominster, Mass. A. 15. 4. 71, B. 19. 9. 72. Kl.: 260–32,6 N, Int. Kl.: C 08g 51/44. 11 Anspr. A.-Z.: 134415. Entspr. DTO 2200975 u. FRP 2121712.

USP 3773715. Flammhemmende lineare Polyester. Erf.: *Theodore Largman, Herman Stone* u. *Paul J. Koch.* Inh.: Allied Chemical Corp., New York N. Y. A. 1. 3. 72, B. 20. 11. 73. Kl.: 260–45,85,R, Int. Kl.: C 08g 51/58. 11 Anspr. A.-Z.: 230962.

CHP 547335. Stabilisierte, nicht-textile Kunststoffe und Spinnmassen. Erf.: *Kurt Hofer* u. *Rudolf Moesch.* Inh.: Sandoz AG, Basel (CH). A. 13. 10. 70. Int. Kl.: C 08k 1/60. A.-Z.: 15109/70. Entspr. FRP 2111320.

USP 3776884 (ausgesch. aus Pat. 3714300, A. 19. 5. 69. B. 30. 1. 73. A.-Z.: 825953). Mit Bis-(gehindertes Phenol)-alkylen-diphosphonaten und Phosphonoacetaten stabilisierte Kompositionen. Erf.: *John D. Spivack.* Inh.: Giba-Geigy Corp. A. 12. 4. 71, B. 4. 12. 73. Kl.: 260–45, 85B, Int. Kl.: C 08f 45/58, C 08g 51/58. 12 Anspr. A.-Z.: 133371. A.-Z.: 825953 entspr. CHP 530441 u. FRP 2048494.

Sektion D. Textilien und Papier

TEXTILIEN

D 01d. Mechanische Verfahren und Vorrichtungen für die Herstellung von künstlichen Fäden, Gespinsten, Fasern, Borsten oder Bändern

DTO 2234615. Vorrichtung zum Schmelzspinnen von linearen synthetischen Polymeren. Erf.: *Rudolf Beck, Hans Keinath, Arisditor Rückert* u. *Rolf Sander.* Anm.: Davy-Ashmore AG, 6000 Frankfurt (DT). A. 14. 7. 72, B. 28. 2. 74. Kl.: 29a, 6/10, Int. Kl.: D 01d 3/00. A.-Z.: P 2234615.

DTO 2237884. Erzeugung von Fasern aus Schmelzen mit vorzugsweise niedriger Viskosität in Überschall-Blasdüsen. Erf.: *Alfred Walz* u. *Paul-Jürgen Hahn.* Anm.: Walz, Alfred, 7830 Emmindingen (DT). A. 2. 8. 72, B. 21. 2. 74. Kl.: 29a, 6/30, Int. Kl.: D 01d 5/22. A.-Z.: P 2237884.

JAP 7345616. Recken von Polypropylenfäden mit Ejektoren. Erf.: *Isao Hara, Tadakatsu Kitamura* u. *Kazuo Ono.* Inh.: Sumitomo Chemical Co. Ltd. A. 19. 10. 71, B. 29. 6. 73. Kl.: 42 D 21. A.-Z.: 7183122.

JAP 7352862. Hochfeste thermoplastische Filter aus gereckten Folien. Erf.: *Hikaru Shii* u. *Eisuke Oda.* Inh.: Furukawa Electric Co. Ltd. A. 4. 11. 71, B. 25. 7. 73. Kl.: 25(5) K 12, 25(5) K 4. A.-Z.: 7187843.

JAP 7364220. Erspinnen und Kühlen von Polyamid-6-Fäden. Erf.: Nishida, Yoshiteru u. Hagiwara, Michiaki. Inh.: Unitika Co. Ltd. A. 10. 12. 71, B. 6. 9. 73. Kl.: 42 D 11, 42 A 33. A.-Z.: 7199992.

JAP 7364221. Gekräuselte Verbundfäden aus einem einzigen Polyester. Erf.: *Tokuji Fukuoka, Katsuhiro Hirose, Yoshiharu Tsutsui, Katsuhiro Hirose, Yoshiharu Tsutsui* u. *Hiroshi Nose.* Inh.: Unitika Co. Ltd. A. 10. 12. 71, B. 6. 9. 73. Kl.: 42 D 12, 42 DO. A.-Z.: 7199991.

D 01f. Chemische Gesichtspunkte bei der Herstellung von künstlichen Fäden, Gespinsten, Fasern, Borsten oder Bändern

JAP 7250220. Flammfeste, lichtbeständige Polyamidkomposition. Erf.: *Tsutomu Ohhira* u. *Iwao Shiraishi.* Inh.: Toray Industries, Inc. A. 22. 9. 69, B. 16. 12. 72. Int. Kl.: C 08g, k, D 01f. A.-Z.: 6974599.

JAP 7345622. Halogenphosphate enthaltende flammfeste Acrylfaserstoffe. Erf.: *Kenji Takeya, Hiroshi Suzuki* u. *Shinsaku Minami.* Inh.: Japan Exlan Co. Ltd. A. 18. 10. 71, B. 29. 6. 73. Kl.: 42 D 24, 48 D 8, 25(1) C 17. A.-Z.: 7182331.

JAP 7355950. Flammfeste Polyesterkompositionen. Erf.: *Kazuya Chimura, Hiroshi Iwata* u. *Kazuhiko Ishida.* Inh.: Mitsubishi Rayon Co. Ltd. A. 15. 11. 71, B. 6. 8. 73, Kl.: 25(1) D 32, 25(1) A 261.41, 42 D 12. A.-Z.: 7191315.

GBP 1346500. Herstellung von Proteinfasern .Inh.: Carroll-Porczynski CZ. A. 10. 5. 72, B. 13. 2. 74. Kl.: C3.H, A2.B, A2.Q, B5.B, C3.P, C6.F, Int. Kl .: A 23j 1/14, 3/00, C 12d 13/06, A 01n 21/02, D 01f 5/06. A.-Z.: 16565/71.

DTO 2236037. Schwerentflammbare Fäden und Fasern aus Polyester. Erf.: *Ulrich Bollert, Hans-Jerg Kleiner* u. *Walter Herwig.* Anm.: Farbwerke Hoechst AG vorm. Meister Lucius & Brüning, 6000 Frankfurt (DT). A. 22. 7. 72, B. 14. 2. 74. Kl.: 29b, 3/60, Int. Kl.: D 01f 7/04. A.-Z.: P 2236037.

GBP 1341904. Behandlung von Polyesterfaserstoffen. Inh.: Eastman Kodak Co. A. 30. 9. 71, B. 12. 12. 73. Kl.: B5.B, Int. Kl.: D 01f 7/06. A.-Z.: 45572/71. Prior.: 30. 9. 70 (US; A.-Z.: 77043). Entspr. DTO 2147353 u. FRP 2108728.

GBP 1344492. Multikomponentenfäden, Verfahren zu ihrer Herstellung und aus solchen Fäden hergestellte Garne. Inh.: Snam Progetti S.p.A. A. 2. 11. 71, B. 23. 1. 74, Kl.: B5.B, C3.R, Int. Kl.: D 01f 7/04. A.-Z.: 50974/71. Prior.: 2. 11. 70 (IT; A.-Z.: 31262). Entspr. DLP 92773, DTO 2154456, CHP 534223 u. FRP 2113385

GBP 1344493. Multikomponentenfäden, Verfahren zu ihrer Herstellung und aus solchen Fäden hergestellte Garne. Inh.: Snam Progetti S.p.A. A. 2. 11. 71, B. 23. 1. 74, Kl.: B5.B, C3.R, Int. Kl.: D 01f 7/04, D 01d 5/22, C 08g 17/08. A.-Z.: 50975/71. Prior.: 2. 11. 70 (IT; A.-Z.: 31263). Entspr. DLP 91877, DTO 2154463, CHP 544817 u. FRP 2113384.

JAP 7245820. Polyesterkomposition mit hoher Empfindlichkeit gegen Alkalihydrolyse. Erf.: *Masao Matsui, Masahiro Yamabe* u. *Susumu Togura.* Inh.: Kanebo Co. Ltd. A. 21. 12. 70, B. 18. 11. 72. Int. Kl.: C 08g, k, D 01f. A.-Z.: 70116367.

JAP 7246845. Ferrithaltiger Polyvinylalkoholfaden. Erf.: *Iwao Yamamoto* u. *Junkichi Sueyoshi.* Inh.: Kuraray Co. Ltd. A. 16. 10. 69, B. 27. 11. 72. Int. Kl.: D 01f, C 08f. A.-Z.: 6982865.

JAP 7301452. Erspinnen von Polyesterverbundfäden. Erf.: *Kitao Shimizu, Kazuo Yumoto* u. *Shunsuke Fukada.* Inh.: Toray Industries, Inc. A. 17. 2. 64, B. 17. 1. 73. Int. Kl.: S 01f. A.-Z.: 648162.

JAP 7311429. Gekräuselte Polyamidverbundfäden .Erf.: *Kaoru Furukawa, Katsuo Take* u. *Yoshio Fujii.* Inh.: Toyobo Co. Ltd. A. 24. 6. 71, B. 13. 2. 73. Kl.: 42 D 11. A.-Z.: 7146071.

JAP 7328714. Erspinnen von Poly(γ-methylglutamat)fäden. Erf.: *Hisao Okada, Koichi Orii, Taheharu Ohtani* u. *Hiroshi Kado.* Inh.: Mitsubishi Rayon Co. Ltd. A. 25. 8. 71, B. 16. 4. 73. Kl.: 42 D 11. A.-Z.: 7164878.

JAP 7341034. Acrylverbundfäden. Erf.: *Hideo Takai, Masayoshi Shomoyo, Takashi Urakawa* u. *Hatsumi Inabe.* Inh.: Asahi Chemical Industry Co. Ltd. A. 28. 9. 71, B. 16. 6. 73, Kl.: 42 D 24, 42 A 423. A.-Z.: 7175109.

JAP 7342133. Zwecks Verbesserung der Anfärbbarkeit modifizierte Acrylfaserstoffe mit guter Wärmebeständigkeit. Erf.: *Hisao Okada, Yuizo Ohta, Hiroaki Rokiyama, Takeji Ohtani* u. *Michimasa Barabu*. Inh.: Mitsubishi Rayon Co. Ltd. A. 4. 10. 71, B. 19. 6. 73. Kl.: 42 D 24. A.-Z.: 7177712.

JAP 7350015. Schlichten thermoplastischer Garne. Erf.: *Etsuzo Omura, Toshio Minami* u. *Tetsuhiro Kusunose*. Inh.: Asahi Chemical Industry Co. Ltd. A. 5. 11. 71, B. 14. 7. 73, Kl.: 42 DO, 42 A 42, 48 C 231. A.-Z.: 7187585.

JAP 7353085. Polyamid- und Polyesterfäden mit guter Kohäsion. Erf.: *Etsuzo Omura, Toshio Minami* u. *Tetsuhiro Kusunose*. Inh.: Asahi Chemical Industry Co. Ltd. A. 5. 11. 71, B. 25. 7. 73. Int. Kl.: D 01f 7/00, D 06m. A.-Z.: 7187586.

JAP 7354215. Entglasungsfreie Acrylfaserstoffe. Erf.: *Hirohoshi Tanaka, Susumu Nomura, Shigeru Fujii* u. *Masamoto Watanabe*. Inh.: Toray Industries. Inc. A. 16. 11. 71, B. 30. 7. 73. Kl.: 42 D 24, 25(1) C 172. A.-Z.: 7191118.

JAP 7361723. Erspinnen und Recken von Fäden aus Polyoxyäthylencopolyamid. Erf.: *Tsuneo Ishii, Yatsuhiro Tani* u. *Yukio Okamoto*. Inh.: Toyobo Co. Ltd. A. 2. 12. 71, B. 29. 8. 73. Kl.: 42 D 11. A.-Z.: 7197633.

USP 3767756. Naßspinnverfahren mit trockener Düse. Erf.: *Herbert Blades*. Inh.: E. I. du Pont de Nemours and Co., Wilmington, Del. A. 30.6. 72, B. 23. 10. 73. Kl.: 264—184, Int. Kl.: D 01f 7/00. 13 Anspr. A.-Z.: 268052 (Zus. z. Pat. m. A.-Z.: 239377. A. 29. 3. 72; Pat. m. A.-Z.: 172515. A. 17. 8. 71; u. Pat. m. A.-Z.: 138210. A. 28. 4. 71). A.-Z.: 239377 vgl. auch USP 3180827. A.-Z.: 172515 u. 138210 entpr. DLP 98540, DTO 2219703, CHP 531057 u. FRP 2134582.

DO 2. Garne; mechanische Veredlung von Garnen oder Seilen; Schären oder Bäumen

D 02g. Kräuseln oder Krimpfen (Texturieren) von Fasern, Fäden, Zwirnen oder Garnen; Garne oder Zwirne

CHP 547364. Verfahren zum stetigen Kräuseln von thermoplastischen Fäden oder Garnen. Erf.: *Heinz Schippers*. Inh.: Barmag Barmer Maschinenfabrik AG, Wuppertal (DT). A. 16. 6. 72, B. 14. 9. 73. Int. Kl.: D 02g 1/02. A.-Z.: 9063/72. Prior.: 27. 7. 71 (DT; A.-Z.: P 2137451, DTA 2137451, Entspr. FRP 2147643.

GBP 1341572. Behandlung synthetischer Fäden. Inh.: Strumpfkombinat Esda Thalheim, VEB. A. 4. 1. 72, B. 12. 12. 73. Kl.: D1.F, D1.D, Int. Kl.: D 02g 1/06, D 01h 7/72. A.-Z.: 34037/71.

GBP 1341918. Selbstzwirnspinnmaschinen. Inh.: Commonwealth Scientific & Industrial Research Organization. A. 19. 4. 71, B. 12. 12. 73. Kl.: D1.F, D1.D, D1.N, Int. Kl.: D 02g 1/04. A.-Z.: 21442/71. Prior.: 9. 2. 70 (AU; A.-Z.: 0285).

GBP 1342484. Verfahren und Vorrichtung zur Herstellung von Bauschgarnen. Inh.: John Heathcote & Co. Ltd. A. 6. 4. 70, B. 3. 1. 74. Kl.: D1.F, Int. Kl.: D 02j 1/02, D 02g 1/16, 1/12. A.-Z.: 16192/70 (verw. Anm. m. A.-Z.: 31381. A. 29. 6. 70). Entspr. DLP 89201 u. DTO 2116274.

GBP 1344491. Verfahren zur Herstellung von Garnen, zur Durchführung des Verfahrens geeignete Vorrichtung und dadurch herstellbare Garne. Inh.: Snam Progetti S.p.A. A. 28. 5. 71, B. 23. 1. 74. Kl.: D1.F, B5.B, D1.W, Int. Kl.: D 02g 1/00, D 01d 5/22. A.-Z.: 18118/71. Prior.: 10. 6. 70 (IT; A.-Z.: 25751). Entspr. DTO 2128748 u. FRP 2096054.

USP 3772873. Verfahren zum Falschzwirnen eines Garns. Erf.: *Hazime Hino, Nobuji Asaka, Masuo Tsuge, Sadao Tsuda* u. *Naoki Arai*. Inh.: Teijin Ltd., Osaka (JA). A. 22. 12. 71, B. 20. 11. 73. Kl.: 57—157 TS, Int. Kl.: D 02g 1/02. 8 Anspr. A.-Z.: 210816. Prior.: 24. 12. 70, 25. 12. 70 (JA; A.-Z.: 45/118372, 45/117552). Entspr. DTO 2164303 u. FRP 2119748.

GBP 1345515. Antistatisches und schmutzabweisendes Textilmaterial. Inh.: Wissenschaftlich-Technisches Zentrum Technische Textilien. A. 15. 12. 70, B. 30. 1. 74. Kl.: D1.W, D1.K, D1.R, Int. Kl.: D 02g 3/04, D 04h 13/00. A.-Z.: 1099/70.

USP 3691750 (Zus. z. Pat. 3557873. A. 10. 3. 69. A.-Z.: 805598). Texturierte Kerngarne. Erf.: *Graham Thomas Waters*. Inh.: Imperial Chemical Industries Ltd., London (GB). A. 18. 3. 71, B. 19. 9. 72. Kl.: 57—144, Int. Kl.: D 02g 3/38, 3/04, 3/28. 11 Anspr. A.-Z.: 125683. Entspr. GBP 988066.

D 02j. Veredeln oder Ausrüsten von Fäden, Garnen, Zwirnen, Schnüren, Seilen od. dgl.

DTO 2338064. Verfahren zum Strecken von kontinuierlichen Zweikomponenten-Acrylnitrilgarnen. Erf.: *Silvano Cesco* u. *Franco Cognigni*. Anm.: Snam Progetti S.p.A., Mailand (IT). A. 26. 7. 73, B. 21. 2. 74. Kl.: 29a, 6/20, Int. Kl.: D 01d 5/22. A.-Z.: P 2338064. Prior.: 31. 7. 72 (IT; A.-Z.: 27676 A/72).

JAP 7328708. Verflochtene Multifile aus synthetischen Fäden. Erf.: *Hirofumi Yoshikawa, Isao Hamana, Yoshio Fujiwara* u. *Michikage Matsui*. Inh.: Teijin Ltd. A. 24. 8. 71, B. 16. 4. 73. Kl.: 42 A 423, 42 A 42, 44 AO. A.-Z.: 7164613.

JAP 7363021. Hochschrumpfender Polyesterfaserstoff. Erf.: *Hideo Kato* u. *Tooru Utsui*. Inh.: Teijin Ltd. A. 4. 12. 71, B. 3. 9. 73. Kl.: 42 D 12, 42 A 425. A.-Z.: 7198141.

JAP 7363022. Hochschrumpfender Polyesterfaserstoff. Erf.: *Hideo Kato, Yasuhiro Murase* u. *Tooru Utsui*. Inh.: Teijin Ltd. A. 6. 12. 71, B. 3. 9. 73. Kl.: 42 D 12, 42 A 423. A.-Z.: 7198502.

PAPIER

D 21. Papierherstellung; Gewinnung von Cellulose bzw. Zellstoff

21c. Gewinnung von Cellulose durch Abscheiden nichtcelluloseartiger Substanzen von cellulosehaltigen Stoffen; Wiedergewinnung der Zellstoffablaugen; Vorrichtungen dafür

USP 3692624. Meß- und Regelverfahren für eine wasserlösliche oxydierende oder reduzierende Verbindung, besonders beim Bleichen von Zellstoff (Measuring and regulation method for water soluble, oxidizing or reducing compound particularly in pulp bleaching). Erf. u. Inh.: *Ilmo Yrjala*, Rauma (SF). A. 19. 2. 70, B. 19. 9. 72. Kl.: 162—49, Int. Kl.: D 21c 7/12. 7 Anspr. A.-Z.: 12681. Prior.: 21. 2. 69 (SF; A.-Z.: 563/59).

D 21h. Karton, Papier; dessen Herstellung, soweit nicht durch D 21f erfaßt

JAP 7245604. Synthetisches Papier mit Gasdurchlässigkeit, Bedruckbarkeit und Festigkeit. Erf.: *Hideo Oketani*. Inh.: Matanaga, Kako Co. Ltd. A. 12. 8. 69, B. 17. 11. 72. Int. Kl.: D 21b, h, D 01d. A.-Z.: 6963960.

JAP 7238009. Narz- und Naturfasern enthaltendes Syntheseharzpapier. Erf.: *Sanshiro Ozawa, Kacsumi Okamoto* u. *Mitsuru Nagai*. Inh.: Mitsui Petrochemical Industries, Ltd. A. 1. 4. 68, B. 26. 9. 72. Int. Kl.: D 21h, b. A.-Z.: 6820962.

Literaturschau

Auszug aus Lieferung 10 und 11/1974 der Literaturschau „Faserstoffe und Textiltechnik", zusammengestellt von der Abteilung Information und Dokumentation des Instituts für Polymerenchemie der AdW der DDR, 153 Teltow-Seehof, Kantstr. 55

I. Polymerwissenschaft

Analyse- und Untersuchungsmethoden

Stafford, J. W., Frey, H.: Transformationsgleichung für die Kristallisation von Polymeren. J. Polymer Sci.: Polymer Physics Ed. **11** (1973) 12, S. 2489—2491.

Hsiu-lin Yuan, Lianis, G.: Experimentelle Untersuchung der Fortpflanzung von Wellen in nichtlinearem viskoelastischem Material. Rheologica Acta, Darmstadt **13** (1974) 1, S. 40(548)—48(556). (engl.)

Böhm, L. L.: Berechnung der Molekulargewichtsverteilung von „lebenden" Polymeren beim konkurrierenden Wachstum von Endgruppen verschiedener Reaktivität. Z. pyhsik. Chemie, N. F., Frankfurt/M. **88** (1974) 5/6, S. 297—315.

Kolesnik, M. I., Muratova, E. V., Sidej, M. M., Bukovskij, M. I.: Spektrophotometrische Bestimmung von Cyclohexanol in der Luft. Zavodsk. Labor. (Betriebslabor) **40** (1974) 3, S. 255—256.

Takayanagi, M., Imada, K., Maruyama, S., Nakamura, K.: Allgemeine Gleichung des Spannungs-Dehnungsverhaltens in kristallinen Polymeren. Rheologica Acta, Darmstadt **13** (1974) 1, S. 54(562)—59(567). (engl.)

Kleineberg, G. A., Geiger, D. L., Gormley, W. T.: Schnelle Bestimmung kinetischer Parameter für den thermischen Abbau von Hochpolymeren unter Anwendung eines mit einem Computer gekoppelten Systems aus einem thermogravimetrischen Analysengerät und einem Massenspektrometer. Makromol. Chemie **175** (1974) 2, S. 483—495. (engl.)

Palmer, III, J. A., Hopfenberg, H. B., Felder, R. M.: Einflüsse von Wechselwirkungen zwischen Gelöstem und Membran auf die den Durchfluß begrenzende Konzentrationspolarisation bei der Ultrafiltration. J. Colloid Interface Sci. **45** (1973) 2, S. 223—234.

Kalinina, L. S., Nikitina, N. I.: Bestimmungsmethode für Phosphor in Monomeren und Polymeren. Plast. Massy (Plast. Massen) (1974) 2, S. 75 bis 76.

Nichol, L. W., Winzor, D. J.: Differenzgelchromatographie von kinetisch kontrollierten Systemen. Irreversible Polymerisation. J. physical Chem. **78** (1974) 4, S. 460—462.

Korneeva, K. P., Amerik, V. V., Jakobson, F. I., Orlova, K. P., Petrova, V. F., Ivanjukov, D. V.: Untersuchung von Propylen-Vinylcyclohexan-Copolymeren mittels Pyrolyse-Gaschromatographie. Plast. Massy (Plast. Massen) (1974) 3, S. 75—77.

Reich, L, Stivala, S. S.: Relative Molekülmassen aus Fraktionierungsdaten durch eine vereinfachte Log-Normal-Behandlung. J. appl. Polymer Sci. **17** (1973) 11, S. 3477—3484.

Ausgangsstoffe, Monomere und Oligomere

Aleksandrov, V. N., Gitis, S. S., Sosonkin, I. M., Kaminskij, A. Ja., Golubev, G. S., Subbotin, V. A., Chomin, V. V., Kalb, G. L.: Auftreten eines synergetischen Effektes bei der katalytischen Oxydation von p-Xylol. Kinetika i Kataliz (Kinetik u. Katalyse) **15** (1974) 2, S. 505—508.

Polymersynthesen

Gricenko, T. M.: Über die Mikrostruktur von durch Copolykondensation in heterogener Phase entstehenden Makromolekülketten. Dokl. Akad. Nauk SSSR (Ber. Akad. Wiss. UdSSR) **215** (1974) 5, S. 1121—1124.

Kafarov, V. V., Dorochov, I. N., Dranišnikov, L. V., Bulle, Ch.: Über Diffusionserscheinungen bei der Emulsionspolymerisation. Dokl. Akad. Nauk SSSR (Ber. Akad. Wiss. UdSSR) **215** (1974) 4, S. 904—907.

Lotz, W., Donner, D. B., Ferris, J. P.: Neuere Erkenntnisse zur Polymerisation von Blausäure. Makromol. Chemie **175** (1974) 2, S. 403 bis 412.

Lineare Polymere mit Kohlenstoffkette

Basova, R. V., Gantmacher, A. R.: Zur Frage der die Aktivität von Monomeren bei der anionisch-koordinativen Copolymerisation bestimmenden Faktoren. Dokl. Akad. Nauk SSSR (Ber. Akad. Wiss. UdSSR) **215** (1974) 4, S. 884—886.

Luchovickij, V. I., Polikarpov, V. V., Lebedeva, A. M., Karpov, V. L.: Zur Theorie der ersten Stufe einer „idealen" Emulsionspolymerisation. Vysokomol. Soed. (Hochmol. Verbind.), Serija A **16** (1974) 3, S. 631—638.

Prževal'skaja, L. K., Švec, V. A., Kazanskij, V. B.: Über die Aktivität von aus Ionen des dreiwertigen Chroms hergestellten chromhaltigen Katalysatoren bei der Polymerisation von Äthylen. Kinetika i Kataliz (Kinetik u. Katalyse) **15** (1974) 2, S. 430—433.

Terterjan, R. A., Leščenko, S. S., Livšic, S. D., Leljuchina, Ju. L., Soboleva, N. S., Monastyrskij, V. N., Karpov, V. L.: Herstellung strahlungsbeständiger Polymerstoffe durch radikalische HD-Copolymerisation von Äthylen mit Styrol. Vysokomol. Soed. (Hochmol. Verbind.), Serija B: Kratkie Soobšč. (Kurzmitt.) **16** (1974) 3, S. 181—186.

Senrui, S., Suwa, T., Konishi, K., Takehisa, M.: Strahlungsinduzierte Emulsionspolymerisation von Äthylen. I. Einfluß der Reaktionsbedingungen auf die Polymerisation. J. Polymer Sci.: Polymer Chem. Ed. **12** (1974) 1, S. 83–92.
Akimoto, A.: Beteiligung von Lewis-Basen an der Vinylchloridpolymerisation mit dem $Al(C_2H_5)_3/CCl_4$-Katalysatorsystem. Polymer, London **15** (1974) 4, S. 216–218.
Ito, T., Shirakawa, H., Ikeda, S.: Simultane Polymerisation und Bildung von Polyacetylenfilm auf der Oberfläche von konzentrierten Lösungen löslicher Ziegler-Katalysatoren. J. Polymer Sci.: Polymer Chem. Ed. **12** (1974) 1, S. 11–20.
Berlin, Ad. A., Rozenberg, L.V.: Über die Emulsionspolymerisation von Acrylmonomeren. Vysokomol. Soed. (Hochmol. Verbind.), Serija B: Kratkie Soobšč. (Kurzmitt.) **16** (1974) 3, S. 217–220.
Milovskaja, E. B., Kopp, E. L., Skvorcevič, E. P.: Anionische Polymerisation in Systemen Methacrylate/AlR_3/α, α'-Dipyridyl.Vysokomol. Soed. (Hochmol. Verbind.), Serija B: Kratkie Soobšč. (Kurzmitt.) **16** (1974) 4, S. 246–247.
Kikuchi, Y., Mitoguchi, H.: Elektrochemische Polymerisation von Acrylnitril durch Strom mit rechtwinkliger Wellenform. Makromol. Chemie **175** (1974) 2, S. 687–689. (engl.)
Tonojan, A. O., Davtjan, S. P., Rozenberg, B. A., Enikolopjan, N. S.: Kinetische Gesetzmäßigkeiten der adiabatischen Polymerisation von Styrol. Vysokomol. Soed. (Hochmol. Verbind.), Serija **A 16** (1974) 3, S. 611–616.
Ugelstad, J., Hansen, F. K., Lange, S.: Emulsionspolymerisation von Styrol mit Natriumhexadecylsulfat/Hexadecanol-Mischungen als Emulgatoren. Initiierung in Monomertröpfchen. Makromol. Chemie **175** (1974) 2, S. 507–521. (engl.)
Pielichowski, J.: Polymerisation von N-Vinylcarbozol. Nuova Chimica, Milano **50** (1974) 3, S. 68–70.
Yoshikuni, M., Asami, M., Iwabuchi, U., Kojima, K.: Durch Systeme aus Tri-n-butylboran und organischem Halogenid initiierte Polymerisation von Methylmethacrylat. J. Polymer Sci.: Polymer Chem. Ed. **11** (1973) 12, S. 3115–3124.

Lineare Polymere mit Heteroketle

Koršak, V. V., Vasnev, V. A., Vinogradova, S. V., Vasil'ev, A. V.: Einige Gesetzmäßigkeiten der katalytischen Polyveresterung in Gegenwart von Akzeptoren. Vysokomol. Soed. (Hochmol. Verbind.), Serija **A 16** (1974) 3, S. 502–505.
Puffr, Rč, Šebenda, J.: Nachlassen der katalytischen Aktivität bei der kationischen Polymerisation von Capryllactam. J. Polymer Sci.: Polymer Chem. **12** (1974) 1, S. 21–28.
Lukaševa, N. V., Volochina, A. V., Kudrjavcev, G. I.: Copolymerisation von α-Piperidon mit ε-Caprolactam und α-Pyrrolidon. Vysokomol. Soed. (Hochmol. Verbind.), Serija **A 16** (1974) 3, S. 475–481.
Ogata, N., Kurakata, K.: Synthese verschiedener Polymerer aus m-Hydroxybenzoesäure. Chem. High Polymers, Tokyo **30** (1973) 344(12), S. 748–755. (jap.; engl. Zusammenfass.)

Cyclische Polymere

Huck, P. J., Pritchard, G.: Ungesättigte Polykondensate durch Friedel-Crafts-Reaktion. J. Polymer Sci.: Polymer Chem. Ed. **11** (1973) 12, S. 3293–3298.
Novikov, S. S., Chardin, A. P., Novakov, I. A., Radčenko, S. S.: Synthese admantanhaltiger Polyimide. Vysokomol. Soed. (Hochmol. Verbind.) Serija B: Kratkie Soobšč. (Kurzmitt.) **16** (1974) 3, S. 155–156.
Hedberg, F. L., Marvel, C. S.: Herstellung von Polybenzimidazolen in Lösung. Nuova Chimica, Milano **50** (1974) 3, S. 51–54.
Kovar, R. F., Arnaold, F. E.: Cyclische Polymere auf der Bais von Pyrazinimidazophenanthrolin. Nuova, Chimica, Milano **50** (1974) 3, S. 89–91.
Tomono, T., Hasegawa, E., Tsuchida, E.: Reaktion von Polyaminopolymeren mit molekularem Jod durch Ladungsübertragungskomplexbildung. J. Polymer Sci.: Polymer Chem. Ed. **12** (1974) 1, S. 167 bis 181.
Koršak, V. V., Kutepov, D. F., Pankratov, V. A., Anciferova, N. P., Vinogradova, S. V.: Polymelamine – neue thermisch beständige, durch Polycyclotrimerisierung erhältliche Polymere. Vysokomol. Soed. (Hochmol. Verbind.), Serija B: Kratkie Soobšč. (Kurzmitt.) **16** (1974) 3, S. 156 bis 157.
Gnauck, R. O., Raubach, H., Schimke, E.: Zur Kinetik der Polychinoxalin-Bildung. Faserforsch. u. Textiltechnik/Z. Polymerforsch. **25** (1974) 4, S. 139–141.
Guaita, M., Camino, G., Chiantore, O., Revellino, M., Trossarelli, L.: Radikalische Polymerisation von unkonjugierten Dienen. 14. Divinalketon in. Acetonlösung bei 50°C. Makromol. Chemie **175** (1974) 2, S. 457–466. (engl.)
Yuki, Y., Osaka, Y.: Synthese und Polykondensation von 2,4-Bis(p- und m-aminoanilino)-6-substituiertem -s-triazin. Chem. High Polymers, Tokyo **30** (1973) 344(12), S. 720–726. (jap., eng. Zusammenfass.)

Chemische Umsetzungen an Polymeren

Sihtola, H.: Überblick über die Forschung in der Abteilung Polymerchemie. Paperi ja Puu (Papier u. Holz), Helsinki **56** (1974) 3, S. 140–141, 143–144 (engl.)
Zezin, A. B., Lucenko, V. V., Izumrudov, V. A., Kabanov, V. A.: Über die Besonderheiten der kooperativen Wechselwirkungen bei Reaktionen zwischen Polyelektrolyten. Vysokomol. Soed. (Hochmol. Verbind.), Serija **A 16** (1974) 3, S. 600–604.
Šilov, Ju. B., Denisov, E. T.: Bremsende Wirkung von Inhibitoren auf die initiierte Oxydation von Polyäthylen und Polypropylen in Lösung bzw. fester Phase. Vysokomol. Soed. (Hochmol. Verbind.), Serija **A 16** (1974) 3, S. 662–667.
Sirota, A. G., Zajceva, N. K., Karkozova, G. F., Rjabikov, E. P., Buchgalter, V. I., Berljant, S. M., Gladigau, G.: Strahlungsinduzierte Modifizierung von Äthylen-Vinylacetat-Copolymeren. Plast. Massy (Plast. Massen) (1974) 4, S. 22–24.

Polymeranaloge Reaktionen

Tsuchida, E., Osada, Y., Abe, K.: Bildung von Polyionenkomplexen zwischen Polycarbonsäuren und Polykationen, die Ladungen in der Hauptkette tragen. Makromol. Chemie **175** (1974) 2, S. 583–592. (engl.)
Tsuchida, E.: Bildung höherer Strukturen durch hydrophobe Wechselwirkung von Interpolymer-Komplexen. Makromol. Chemie **175** (1974) 2, S. 603–611. (engl.)

Allen, Th. C., Cuculo, J. A.: Carboxylgruppen enthaltende Cellulosederivate. J. Polymer Sci., D: Macromol. Rev. **7** (1974) S. 189–262.
Levites, L. M., Gabrieljan, G. A., Kudrjavcev, G. I., Rogovin, Z. A.: Modifizierung von Acrylnitrilcopolymeren durch Thioamidierung und Untersuchung der Eigenschaften der thioamidierten Faserstoffe. Faserforsch. u. Textiltechnik/Z. Polymerforsch. **25** (1974) 4, S. 155–162.

Pfropfung

Berlin, Ad. A., Kurjatnikov, E. I.: Zur Pfropfung von Vinylmonomeren auf Carboxymethylcellulose. Vysokomol. Soed. (Hochmol. Verbind.), Serija B: Kratkie Soobšč. (Kurzmitt.) **16** (1974) 3, S. 230–232.
Babkin, I. Ju., Volgin, V. I., Gordeev, Ju. M., Machalov, D. N.: Vorrichtung zur Modifizierung von Faserstoffen durch γ-strahlungsinduzierte Pfropfung aus der Gasphase. Chim. Volokna (Chemiefaserstoffe), Moskva (1974) 2, S. 39–40.
Takahashi, A., Takahashi, S.: Pfropfcopolymerisation von Acrylamid auf verschiedenes Cellulosematerial mit Cer(IV)-Ionen und Metaperjodat als Initiatoren. J. Soc. Fiber Sci. Technol. Japan, Tokyo (1974) 1, S. T35 (59) – T64(40).
Onetiu, Mariana, Munteanum Virgilis: Die Einwirkung beschleunigter Elektronen auf Textilfasern. Ind. usoară, Seria A: Textilă Bucuresti **25** (1974) 1, S. 9–11.
Arai, K., Shimizu, M., Shimada, M.: Pfropfung auf Wolle. IV. Wechselwirkung von Polymerradikalen im viskosen Medium von Wollfasern. V. Kinetik der Pfropfcopolymerisation von Methylmethacrylat im viskosen Medium von Wollfasern. J. Polymer Sci.: Polymer Chem. **11** (1973) 12, S. 3271–3282; 3283–3292.

Vernetzung

Bray, J. C., Merrill, E. W.: Polyvinylalkohol-Hydrogele. Bildung durch Elektronenbestrahlung wäßriger Lösungen und anschließende Kristallisation. J. appl. Polymer Sci. **17** (1973) 12, S. 3779–3794.

Abbaureaktionen

Slivinskas, J. A., Guillet, J. E.: γ-Radiolyse von Ketonpolymeren. I. Untersuchung von symmetrischen aliphatischen Ketonen als Modellverbindungen. II. γ-Bestrahlung von Styrol-Methylvinylketon-Copolymeren. J. Polymer Sci.: Polymer Chem. Ed. **11** (1973) 12, S. 3043–3056; 3057–3070.
Davis, L. A.: Zerfall von freien Radikalen in bestrahltem PMMA. J. Polymer Sci.: Polymer Physics Ed. **12** (1974) 1, S. 75–80.
Still, R. H., Whitehead, A.: Thermischer Abbau von Poly-p-N,N-dimethylaminostyrol. Proc. Soc. analyt. Chem. **11** (1974) 4, S. 96.
Comyn, J., Glasse, M. D.: Die Umwandlung von Living-α-Methylstyryltetrameren. Makromol. Chemie **175** (1974) 2, S. 695–698. (engl.)
McEnaney, B.: Herstellung von Kohlenstoff durch den thermischen Abbau von Polymeren. Proc. Soc. analyt. Chem. **11** (1974) 4, S. 95.

Physik und physikalische Chemie von Polymeren

Cohen, C., Gibbs, J. H., Fleming III, P. D.: Kondensation und Gelbildung: Klärung der Stockmayer'schen Analogie. J. chem. Physics **59** (1973) 10 (Teil 2), S. 5511–5516.
Zelenev, Ju. V., Kabeljan, Ju. K., Aslizadjan, V. S.: Zur Anwendung von Computern bei der Berechnung elektrischer Parameter von Polymeren. Zavodsk. Labor. (Betriebslabor) **40** (1974) 3, S. 306–307.
Izjumnikov, A. L., Kuzjaeva, V. F., Vyrskij, Ju. P., Burinova, L. I., Sorokina, I. A., Kucenko, A. I.: Verteilung der relativen Molekülmassen bei Polyestern auf der Basis von Adipinsäure und Glykolen. Plast. Massy (Plast. Massen) (1974) 3, S. 54–56.
Michajlov, N. V., Arsen'ev, A. N., Šaraj, T. A.: Herstellung von Folien aus Gemischen wäßriger Dispersionen steifkettiger Polymerer und Elastomerlactices. Kolloid. Ž., Moskva **36** (1974) 2, S. 396–399.
Budtow, V. P., Domničeva, N. A., Mejja, N. V., Sorokin, A. Ja., Tolmačeva, T. P.: Untersuchung der zeitlichen Beständigkeit von Polyvinylalkohollösungen mit Hilfe der dynamischen Doppelbrechung. Vysokomol. Soed. (Hochmol. Verbind.), Serija B: Kratkie Soobšč. (Kurzmitt.) **16** (1974) 3, S. 159–162.
Obolonkova, E. S., Rogovina, L. Z., Dmitrieva, N. A., Belavceva, E. M., Slonimskij, G. L.: Elektronenmikroskopische Untersuchung der Strukturierungsvorgänge in Polyvinylalkohollösungen bzw. -gelen. Kolloid. Ž., Moskva **36** (1974) 2, S. 284–290.

Polymere Festkörper

Pegoraro, M., Szilágyi, L., Penati, A.: Mechanisch-dynamische Eigenschaften von einigen Polypropylenpfropfcopolymeren. Rheologica Acta, Darmstadt **13** (1974) 1, S. 46(557)–53(561). (engl.)
Bauwens, J. C.: Plastische Verformung von Polyäthylen hoher Dichte bei der Zug-Torsions-Prüfung. Rheologica Acta, Darmstadt **13** (1974) 1, S. 93(601)–98(606), (franz.)
De Candia, F., Vittoria, V.: Elastisches und viskoelastisches Verhalten von Äthylen-Propylen-Copolymeren. J. appl. Polymer Sci. **17** (1973) 11, S. 3243–3251.
Kryszewski, M., Galeski, A., Jabloński,, W., Sapieha, S.: Übermolekulare Strukturbildung in dünnen Polymerfilmen. Polymer, London **15** (1974) 4, S. 211–215.
Ikeda, R. M., Gay, F. P.: Dampfpermeation in Polymerfilmen. J. appl. Polymer Sci. **17** (1973) 12, S. 3821–3823.
Kambour, R. P.: Eine Übersicht über Mikrorißbildung und Bruch in Thermoplasten. J. Polymer Sci., D: Macromol. Rev. 7 (1974) S. 1–154.
Cross, A., Haward, R. N.: Thermischer Bruch von Kunststoffen. J. Polymer Sci.: Polymer Physics Ed. **11** (1973) 12, S. 2423–2439.

Polymerschmelzen

Rao, K., Griskey, R. G.: Eine Zustandsgleichung für Polymerschmelzen. J. appl. Polymer Sci. **17** (1973) 11, S. 3293–3303.
Tejtel'bau, B. Ja., Anošina, N. P.: Direkte Temperaturmessungen von kristallisierenden Polymeren. Vysokomol. Soed. (Hochmol. Verbind.), Serija **A 16** (1974) 3, S. 683–684.
Törmälä, P., Tulikoura, J.: Einfluß von Endgruppen auf die Bewegungen freier Nitroxylradikale in Polyäthylenglykol. Polymer, London **15** (1974) 4, S. 248–250.
Makova, L. I., Klenkova, N. I., Andrejčenko, V. Ja.: Untersuchung von Strukturveränderungen und Reaktionsfähigkeit einiger Holzzellstoffe unter Einwirkung von wäßrigen Äthylendiaminlösungen. Ž. prikl. Chimii (Z. angew. Chemie) **47** (1974) 4, S. 610–614.

Chang, Y. J., Chen, C. T., Tobolsky, A. V.: Korrelationen zwischen Typen von absorbierten Wassermolekülen und der Wasserpermeabilität in gequollenen Polymermembranen. J. Polymer Sci.: Polymer Physics 12 (1974) 1, S. 1–6.

Bikbulatova, L. A., Vetrov, O. D., Pivovarov, S. P., Messerle, P. E.: Untersuchung von magnetischen Relaxationserscheinungen in organischen Systemen mit konjugierten Bindungen. Ž. fizič. Chimii (Ž. physik. Chemie) 48 (1974) 4, S. 818–822.

Capaccio, G., Ward, I. M.: Herstellung von linearen Polyäthylenen mit sehr hohem Modul; Einfluß der relativen Molekülmasse und deren Verteilung auf das Reckverhalten und die mechanischen Eigenschaften. Polymer, London 15 (1974) 4, S. 233–238.

Cernia, E., Conti, W.: Über die Dynamik des Schmelzspinnens. J. appl. Polymer Sci. 17 (1973) 12, S. 3637–3650.

Polymerlösungen und -dispersionen

Papkov, S. P., Iovleva, M. M.: Klassifizierung von Systemen: Polymeres/niedermolukulare Flüssigkeit nach dem physikalischen Zustand. Vysokomol. Soed. (Hochmol. Verbind.), Serija A 16 (1974) 3, S. 534–537.

Bolotnikova, L. S., Zak, A. G., Lišanskij, I. S., Mirkamilov, Š., Panov, Ju. N., Frenkel', S. Ja.: Einfluß selektiver Wechselwirkungen von Kettengliedern der Makromoleküle auf die Viskosität von Polymerlösungen. Kolloid. Ž., Moskva 36 (1974) 2, S. 203–207.

Liberman, M. H., Debolt, L. C., Flory, P. J.: Optische Anisotropie von Polyisobutylen: Spannungsdoppelbrechung. J. Polymer Sci.: Polymer Physics Ed. 12 (1974) 1, S. 187–200.

Razinskaja, I. N., Batueva, L. I., Štarkman, B. P.: Quantitative Beurteilungsmethoden der Parameter der Phasenmorphologie von Polymermischungen. Kolloid. Ž. ,Moskva 36 (1974) 2, S. 291–297.

Pavan, A., Rink, M., Blundo, G., Danusso, F.: Charakterisierung des thermomechanischen Verhaltens von Polymeren: Nicht-isotherme Kriechvorgänge. Polymer, London 15 (1974) 4, S. 243–247.

Yoshikawa, K., Fukutomi, T., Kakurai, T.: Der Einfluß des Lösungsmittels auf die mechanische Spaltung von Polymeren in Lösung bei verschiedenen Polymerkonzentrationen. Chem. High Polymers, Tokyo 30 (1973) 344(12), S. 756–760.

Frosini, V., Magagnini, P. L., Newman, B. A.: Kalorimetrische Untersuchung von radikalisch polymerisiertem Poly-p-biphenylacrylat und Poly-p-cyclohexylphenylacrylat. J. Polymer Sci.: Polymer Physics Ed. 12 (1964) 1, S. 23–34.

Kissin, Ju. V., Lekae, I. A., Černova, E. A., Davydova, N. A., Čirkov, N. M.: IR-Spektroskopische Methode zur Messung des Orientierungsgrades in Polypropylenfolien. Vysokomol. Soed. (Hochmol. Verbind.), Serija A 16 (1974) 3, S. 677–683.

Iwamoto, R., Wunderlich, B.: Kristallstruktur von Poly-p-xylylen. I. Die α-Form. J. Polymer Sci.: Polymer Physics Ed. 11 (1973) 12, S. 2403–2411.

Vasil'ev, B. V., Golubev, V. M., Žegalova, N. N.: Mikromorphologische Struktur unlöslicher stabförmiger Teilchen in Celluloseacetatlösungen. Chim. Volokna, Moskva (Chemiefaserstoffe) (1974) 2, S. 68–69.

Amari, T., Nakamura, M.: Fließeigenschaften von wäßrigen Methylcelluloselösungen. J. appl. Polymer Sci. 17 (1973) 11, S. 3439–3456.

Hostetler, R. E., Swanson, J. W.: Diffusion von Polyäthylenimin in und Adsorption auf porösem Silicagel. J. Polymer Sci.: Polymer Chem. Ed. 12 (1974) 1, S. 29–43.

Abdel-Alim, A. H., Hamielec, A. E.: Scherungsabbau von wasserlöslichen Polymeren. I. Abbau von Polyacrylamid in einem Couette-Viskosimeter für hohe Scherungen. J. appl. Polymer Sci. 17 (1973) 12 S. 3769–3778.

Vorob'eva, E. P., Gračeva, E. P., Kajnova, G. G., Pavljučenko, V. N., Mazova, L. G., Nosaev, G. A.: Thermisch und chemisch beständige Copolymere des α-Methylstyrols. Plast. Massy (Plast. Massen) (1974) 3, S. 18–20.

Ginzburg, B. M., Kurbanov, K. B., Aŝerov, B. A.: Einfluß der intermolekularen Wechselwirkungen auf die übermolekulare Struktur orientierter Polyamid-6-Folien und ihre Veränderungen bei elastischer Dehnung. Vysokomol. Soed. (Hochmol. Verbind.), Serija A16 (1974) 3, S. 558–565.

Danilina, L. I., Telešov, E. N., Pravednikov, A. N.: Thermischer Abbau von aromatischen Polysulfonen. Vysokomol. Soed. (Hochmol. Verbind.), Serija A 16 (1974) 3, S. 581–587.

Knjazeva, V. A., Knjazev, V. K., Luk'janova, G. P., Berezkin, V. M.: Strukturbildung in nichtplastifiziertem Gieß-Polyvinylchlorid bei der Verarbeitung. Plast. Massy (Plast. Massen) (1974) 2, S. 44–46.

Yamada, M., Miyasaka, K., Ishikawa, K.: Walzen von Polyäthyleneinkristallfilmen. J. Polymer Sci.: Polymer Physics Ed. 11 (1973) 12, S. 2393–2401.

Applikation von Polymeren

Artemenko, S. E., Erin, B. V., Erin, B. V., Nikiforova, L. P.: Mit Viskosefaserstoff verstärkte Plastelatten. Plast. Massy (Plast. Massen) (1974) 2, S. 75.

Wallace, R. A., Gable, R. J.: Einfluß von Polystyrolsulfonsäure auf den Elektreteffekt in Celluloseacetatmembranen. J. appl. Polymer Sci. 17 (1973) 11, S. 3549–3552.

Matsuura, T., Sourirajan, S.: Trennung von organischen Säuren in wäßrigen Lösungen durch reverse Osmose unter Verwendung von porösen Celluloseacetatmembranen. J. appl. Polymer Sci. 17 (1973) 12, S. 3661–3682.

Meckelburg, E.: Schaumstoffe auf Kunststoffbasis. Teil II. Eigenschaften und Prüfung. Kautschuk, Gummi, Kunststoffe 27 (1974) 3, S. 97–101.

Bierenbaum, H. S., Isaacson, R. B., Druin, M. L., Plovan, St. G.: Mikroporöse Polymerfilme. IEC. Ind. engng. Chem./Product Res. Development 13 (1974) 1, S. 2–9.

Vovčuk, A. I., Tichomirov, V. B.: Herstellung poröser Membranen mit vorgegebenen Eigenschaften aus Nitrocellulose-Lösungen. Kolloid. Ž., Moskva 36 (1974) 2, S. 214–218.

Harper, D. J., McKellar, J. F.: Mechanismus des durch Benzophenon sensibilisierten photochemischen Abbaus von Polypropylen. J. appl. Polymer Sci. 17 (1973) 11, S. 3503–3508.

Epimachov, V. N., Mančevskaja, G. Ja., Judkin, B. I., Sapkina, G. M.: Gaschromatographie auf thermisch beständigem Poly-2,6-dimethylphenylenoxid-1,4. Ž. analit. Chimii (Z. analyt. Chemie) 29 (1974) 4, S. 797–800.

Sonderfragen

Wilson, B. N., Gordon, I., Hindersinn, R. R.: Phosphoramidate als reaktionsfähige flammhemmende Polymermodifikatoren. IEC. Ind. engng. Chem./Product Res. Development 13 (1973) 1, S. 85–89.

Kaminsky, W., Vollmer, H.-J., Heins, E., Sinn, H.: Die Bildung von Dimetalloalkylenen, eine unvermeidliche Nebenreaktion homogener Ziegler-Katalysatoren. Makromol. Chemie 175 (1974) 2, S. 443–456.

II. Faserstoffe

Knayer, M.: Bessere Rohstoffnutzung und Kostensenkung durch planmäßige Abfallverminderung. Textil-Praxis internat. 29 (1974) 3, S. 285–287.

Naturfaserstoffe

Pflanzliche Faserstoffe

Popescu, N.: Gegenwärtiger Stand der Entwicklung bei der Gewinnung von Flachsfasern und die Aussichten der industriellen Anwendung. Ind. usoară, Seria A: Textilă, Bucureşti 25 (1974) 3, S. 113–115.

Ebert, Ch.: Über die chemische Modifizierung von Keratinen bei der Methylierung von Aminosäureseitengruppen. Colloid Polymer Sci./Kolloid-Z. u. Z. Polymere 252 (1974) 2, S. 100–116.

Reine, A. H., Hinojosa, O., Arthur, J. C., jr.: ESR-Untersuchung von freien Radikalen bei photoinitiierten Pfropfpolymerisationsreaktionen mit Baumwollcellulose. J. appl. Polymer Sci. 17 (1973) 11, S. 3337–3343.

Chemiefaserstoffe

Bürger, H.: Die Bedeutung der Entwicklung von Chemiefaserstoffen in der DDR zur Lösung der Hauptaufgabe in der Textil- und Bekleidungsindustrie. Textiltechnik 24 (1974) 3, S. 145–155.

Sergeev, Ju. A., Fajnberg, É. Z., Michajlov, N. V.: Anwendung der kalorimetrischen Methode bei der Beurteilung der Veränderung der inneren Energie während einer einachsigen Verformung von Chemiefaserstoffen. Chim. Volokna (Chemiefaserstoffe), Moskva (1974) 2, S. 71–72.

Chemiezellstoff

Hagberg, B., Schöön, N.-H.: Kinetische Aspekte des sauren Sulfitaufschlusses. Teil 2. Bildungsgeschwindigkeit von starken Säuren. Svensk Papperstidn. 77 (1974) 4, S. 127–130. (engl.).

Kosaja, G. S., Karpova, E. V., Birbrover, N. M., Sidorov, S. K., Dželjuk, S. P., Majzulis, E. L.: Entwicklung eines Sulfatzellstoffs für die Viskosefaserherstellung. Bumaž. Prom. (Papier-Ind.) (1974) 4, S. 13–14.

Cypkina, M. N., Osipova, N. N., Zelikman, P. I., Levdik, J. Ju.: IR-spektroskopische Untersuchung der oxydativen Spaltung der aromatischen Ligninringe bei der Chloratdelignifizierung von Holz. Ž. prikl. Chimii (Z. angew. Chemie) 47 (1974) 3, S. 703–705.

Mohlin, U.-B.: Faserbindung im Zellstoff. Bestimmung der Bindungsfestigkeit zwischen den Fasern. Svensk Papperstidn. 77 (1974) 4, S. 131–137. (engl.).

Söderhjelm, L.: Verbessertes Verfahren zur Bestimmung der Verunreinigungen im Zellstoff. Paperi ja Puu (Papier u. Holz), Helsinki 56 (1974) 3, S. 188–190. (engl.).

Regeneratfaserstoffe

Mašura, V.: Herstellung von Alkalicellulose mit geeignetem DP ohne Vorreife. Cellulose Chem. Technology, Iaşi 8 (1974) 1, S. 21–25. (engl.).

Agranovskij, I. N., Pedro, A. A., Tubjanskij, R. L., Anošin, V. A.: Sekundärerscheinungen bei der Synthese von Schwefelkohlenstoff aus gasförmigen Kohlenwasserstoffen und Schwefel. Chim. Volokna (Chemiefaserstoffe), Moskva (1974) 2, S. 22–24.

Tjuganova, M. A., Liševskaja, M. O., Rogovin, Z. A. (Schreibw. i. Orig.: *Lischevskaja, M. O.*: Modifizierte Zellulosefasern mit Ionenaustauschereigenschaften. Lenzinger Ber., Lenzing/Österr. (1974) 36, S. 186–192.

Achrarchodžaeva, S. S., Farachova, F. K., Musaev, Ch. N., Eliseeva, L. M., Ajchodžaev, B. I.: Einfluß von Dioxan auf die Acetylierung von Cellulose und die Eigenschaften von Triacetatfaserstoff. Chim. Volokna (Chemiefaserstoffe), Moskva (1974) 2, S. 15–17.

Geller, B. E., Muchamedov, I. M., Sabirova, D. N., Chomenko, R. I.: Über die Wechselwirkung von Viskose-Spinnfasern mit Polyacroleinlatex. Izv. vysšich uč. Zav. Technol. legkoj Prom. (Hochschulnachr. Technol. Leichtind.) (1974) 1, S. 36–40.

Maslennikov, K. N.: Faserhaftvermögen um jeden Preis – muß das sein? Chim. Volokna (Chemiefaserstoffe), Moskva (1974) 2, S. 35–36.

Synthetische Faserstoffe

Rösch, G.: Einsatzmöglichkeiten optischer Aufheller bei der Synthesefaserherstellung. Lenzinger Ber., Lenzing/Österr. (1974) 36, S. 168–175.

Meškova, B. Ju., Baljasnikov, L. A., Anochin, S. V.: Zur Größe der Spinngaletten von Maschinen des Typs PP-1000-IM. Chim. Volokna (Chemiefaserstoffe), Moskva (1974) 2, S. 72–73.

Polyamidfaserstoffe

Pamm, G., Hentschel, R. A.: Neue Hochleistungsfasern. Lenzinger Ber., Lenzing/Österr. (1974) 36, S. 57–63.

von Falkai, B.: Herstellung und Eigenschaften aromatisch-heterocyclischer Polyamidfasern. Lenzinger Ber., Lenzing (Österr.) (1974) 36, S. 48–56.

Zosin, L. P., Savickij, A. V., Utevskij, L. E., Čerejskij, Z. Ju., Kalmykova, V. D., Sokolova, T. S., Volochina, A. V., Kudrjavcev, G. I.: Über die Aktivierungsenergie der Zerstörungsvorgänge in einigen aromatischen Polyamiden. Vysokomol. Soed. (Hochmol. Verbind.) Serija B: Kratkie Soobšč. (Kurzmitt.) 16 (1974) 4, S. 247–248.

Šoličev, N. V., Sažina, N. V., Ljutaja, E. N., Mizerovskij, L. N., Pajkačev, Ju. S., Silant'eva, V. G., Kulikova, T. S.: Über das Spinnen von phosphorsäurehaltigem Polycaproamid. Chim. Volokna (Chemiefaserstoffe), Moskva (1974) 2, S. 13–14.

Polyesterfaserstoffe

Oprea, M., Pogorevici, A.: Gaschromatische Bestimmung des Gehaltes an Äthylenglykol, Dimethylterephthalat, Dimethylisophthalat und Dimethyladipat in Copolymeren des Äthylenterephthalat-isophthalats mit Äthylenterephthalat-adipat. Rev. Chimie, Bucureşti 25 (1974) 3, S. 244 bis 246.

Polyacrylnitrilfaserstoffe

Dimov, K., Dilova, E.: Spinnen von Polymermischungen aus Polyacrylnitril und Polymethylmethacrylat. Faserforsch. u. Textiltechnik/Z. Polymerforsch. 25 (1974) 4, S. 146–151.

Levites, L. M., Chudošev, I. F., Kudrjavcev, G. I., Gabrieljan, G. A., Rogovin, Z. A.: Untersuchung der Eigenschaften von vernetzten Faserstoffen auf der Basis von Copolymeren des Acrylnitrils mit Vinylchlorid bzw. Vinylidenchlorid. Chim. Volokna (Chemiefaserstoffe), Moskva (1974) 2, S. 54–56.

Sonstige synthetische Faserstoffe

Emec, L. V., Koteckij, V. V., Vol'f, L. A.: Einfluß von in wäßriger Suspension des Rohadrenalins enthaltenden anorganischen Salzen auf die Sorption von Adrenalin durch den carboxylgruppenhaltigen Faserstoff KFM. Ž. prikl. Chimii (Z. angew. Chemie) **47** (1974) 4, S. 905–907.

Shimizu, J., Watanabe, A., Toriumi, K.: Spinnen mit hoher Geschwindigkeit unter Verwendung einer Luftstrahl-Spinndüse. J. Soc. Fiber Sci. Technol. Japan, Tokyo **30** (1974) 2, S. T53–T60. (jap.; engl. Zusammenfass.).

Künstliche mineralische Faserstoffe

Rothe, H.: Glasseide – Herstellung und Erzeugnisse. Techn. Textilien **17** (1974) 1, S. 1–3.

Kohlenstoffaserstoffe

Fialkov, A. S., Pšeničkin, P. A., Mel'nikova, N. A., Zajčikov, S. G., Samojlov, V. S., Žujkova, T. N.: Unteruschung der paramagnetischen Elektronenresonanz in Kohlenstoffäden. Chim. Volokna (Chemiefaserstoffe), Moskva (1974) 2, S. 31–33.

Kousaka, S., Yokota, M., Tsuboi, K., Yasuhira, N.: Untersuchung von durch thermischen Abbau von Benzoldampf hergestellten Kohlenstofffasern. J. Soc. Fiber Sci. Technol. Japan, Tokyo **30** (1974) 1, S. T1(25) bis T8(32). (jap.; engl. Zusammenfass.).

III. Fäden-Herstellungstechnologien

Spinnerei. Zwirnerei

Landwehrkamp, H.: Erfahrungen bei der Verspinnung von Langstapelfasern nach dem OE-Verfahren. Textil-Praxis internat. **29** (1974) 3, S. 272–276.

Karimov, Ch. A., Gerassimova, N. F., Topina, Z. V.: Besonderheiten der Verarbeitung von verstärkt gereinigter Baumwolle in der Spinnerei. Tekstil. Prom. (Textil-Ind.), Moskva **34** (1974) 1, S. 43–45.

Iurea, C., Calin, L.: Die Anwendung der linearen Programmierung in der Textilindustrie. Ind. usoară textilă, Bucureşti **24** (1974) 1, S. 12–16.

Spinnereivorbereitung

Pirogov, K. M.: Einfluß der Leistung der Karden auf die Qualität der von ihnen gelieferten Produktion. Izv. vysšich uč. Zav. Technol. tekstil. Prom. (Hochschulnachr. Technol. Textil-Ind.) (1973) 6, S. 38–40.

Spinnerei

Hochleistungsspinnen – Wege zur Steigerung der Produktivität. Chemiefasern/Textil-Ind. **24/76** (1974) 4, S. 272.

Nield, R.: Neue Möglichkeiten auf dem Gebiet des Kurzstapelspinnens. Textile Month, Sonderheft ITM (1973) S. 45–47.

Gruoner, S.: Erkenntnisse und Praxiserfahrungen mit dem Self-Twist-Spinnsystem. Textil-Praxis internat. **29** (1974) 3, S. 288–294.

Aanei, C.: Herabsetzung des spezifischen Materialverbrauchs in Flachs- und Hanfspinnereien. Ind. usoară, Bucureşti **25** (1974) 3, S. 146–147.

Erzeugnisse der Spinnerei und Zwirnerei

Neue Garne – Verarbeitung und Möglichkeiten. II. Tex/Textilis, Gent (1974) 4, S. 26–29.

Jansa, J., Halbich, L.: Beitrag zur Bewertung des Mischungsgrades von Fasern im Garn. Textil, Praha **29** (1974) 2, S. 46–48.

Melange-, Jaspé- und Vigoureuxgarne. Produktionskonzept und Verarbeitungshinweise für den Praktiker. Textilbetrieb **92** (1974) 3, S. 36–42.

Texturfäden

Grigor'eva, N. B., Lalykina, K. M., Usenko, V. A., Ivanova, N. M.: Texturierung von Feinfäden nach dem Falschdrahtverfahren. Izv. vysšich uč. Zav. Technol. tekstil. Prom. (Hochschulnachr. Technol. Textil-Ind.) (1973) 6, S. 40–43.

Lünenschloß, J., Fischer, K., Modi, Z.: Einfluß von Drallgeberart und Fadenzugkraftverlauf beim FD-Texturieren. Chemiefasern/Textil-Ind. **24/76** (1974) 4, S. 267–271.

Fortschritt auf dem Gebiet der Synthesefaserverarbeitung. Textile Month, Sonderhefte ITM (1973) S. 52–54.

IV. Flächengebilde-Herstellungstechnologien

Kubicek, A.: Einsatz modifizierter Polyesterfasern für aus BD- und konventionellen Garnen hergestellten Hemdengewebe. Textiltechnik **24** (1974) 4, S. 221–225.

Tárnoky, F.: Textilien in der Bauindustrie. Techn. Textilien **17** (1974) 1, S. 3–6.

Porte, M., Guigal, R., Simonet, G.: Die Texturseiden in der Weberei. Ind. textile, Paris (1974) 1031, S. 97–105.

Materialvorbereitung

Catlow, M. G.: Spulen und Schären: ein Jahr mit voraussagbarem Fortschritt. Textile Month, ITM-Sonderheft (1973) S. 55–58.

Krzemiński, K., Święch, F., Holka, J.: Wachsen von Ketten mit verschiedenen Wachsarten. Technik włóbienn. (Textiltechn.) **23** (1974) 1, S. 17–23.

Lifšic, A. G.: Schlichtezubereitung in Webereien. Tekstil. Prom. (Textil-Ind.), Moskva **34** (1974) 1, S. 55–56.

Pavlov, V. M., Parfenov, D. L.: Ein Weg zur Erhöhung der Effektivität des Schlichtens. Izv. vysšich uč. Zav. Technol. tekstil. Prom. (Hochschulnachr. Technol. Textil-Ind.) (1973) 6, S. 70–72.

Marchis, O.: Das Schlichten von Baumwollfäden mit Schlichten aus einem Gemisch von POLOTEX und TYLOSE. Ind. usoară textilă, Bucureşti **25** (1974) 2, S. 64–70.

Weberei

Strnad, O.: Entwicklung der Technologie der Arachne-Maschinen und ihre wirtschaftliche Bedeutung in der Textilindustrie. Melliand Textilber. internat. **55** (1974) 3, S. 236–240.

Ostapčuk, I. H., Bondar', V. M.: Untersuchung der Längenungleichmäßigkeit der Kettfäden bei der Herstellung von Gewebe auf pneumatischen Webmaschinen. Izv. vysšich uč. Zav. Technol. tekstil. Prom. (Hochschulnachr. Technol. Textil-Ind.) (1973) 6, S. 79–82.

Weberei-Technologie

Andereev, L. K.: Erfahrungen beim Einsatz von Webmaschinen ATPR-100 in der Baumwollindustrie der UdSSR. Textiltechnik **24** (1974) 4, S. 225–227.

Funder, A., Griese, H.; Verminderung der Laufunruhe von Harnischen bei hohen Maschinengeschwindigkeiten durch elastische Gegenzüge. Melliand Textilber. internat. **55** (1974) 3, S. 219–225.

Gorn, V., Skoumal, M.: Ist eine Verwendung von breiten pneumatischen Webmaschinen vorteilhaft. Tekstil. Prom. (Textil-Ind.), Moskva **34** (1974) 1, S. 56–58.

Erzeugnisse der Weberei

Veraud, M.: Eigenschaften von Geweben aus Texturseide. Ind. textile, Paris (1974) 1030, S. 17–19.

Takahashi, K.: Webverfahren von Polyesterfaser/Baumwolle-Mischgeweben. Japan Textile News (1973) 229, S. 76–78.

Aref'ev, G. I., Beršev, E. N., Anisimova, T. N.: Einfluß der Strukturkennwerte von beflockten Stoffen auf ihren Verschleiß beim Scheuern. Izv. vysšich uč. Zav. Technol. tekstil. Prom. (Hochschulnachr. Technol. Textil-Ind.) (1973) 6, S. 17–20.

Wirkerei und Strickerei. Konfektion. Sonstige Technologien

Riede, L., Haberstock, H.: Fasern und Garne in der Strickerei. Chemiefasern/Textil-Ind. **24/76** (1974) 4, S. 290–293.

Wirkerei- und Strickerei-Technologie

Wheatley, B.: Teppichherstellung auf Karl-Mayer-Raschelmaschinen. Textile Inst. Ind. **12** (1974) 3, S. 72–75.

Neumann, H.: Auswechseln von Schloßteilen an Flachstrickautomaten. Melliand Textilber. internat. **55** (1974) 3, S. 262–264.

Erzeugnisse der Wirkerei und Strickerei

Mayer, R.: Einsatz der Elektronik für Rationalisierung im Strickereiunternehmen. Melliand Textilber. internat. **55** (1974) 3, S. 248–251.

Slof, A.: Herstellung von gestrickter Kopfbedeckung auf der Flachsstrickmaschine Stereocan. Textiltechnik **24** (1974) 4, S. 227–229.

Bol'šakova, N. I., Citovič, I. G.: Spannung der alten Maschen im Strickprozeß auf der Flachstrickmaschine. Izv. vysšich uč. Zav. Technol. legkoj Prom. (Hochschulnachr. Technol. Leichtind.) (1974) 1, S. 104–108.

Textilverbundstoffe

Neumann, G.: Erfahrungen mit Nähwirkmaschinen in der Praxis. Melliand Textilber. internat. **55** (1974) 3, S. 241–246.

Thomas, H. A.: Sektor mit größtem Wachstumspotential ... Wegwerfartikel – ihre Kosten und wie begehrt sie sind. Textile J. Australia, Jahresausgabe Textile **73** (1973) S. 22–31.

Faserverbundstoffe, Vliesstoffe

Burk, A.: Vliesstoffe als Filtermedien. Lenzinger Ber., Lenzing/Österr. (1974) 36, S. 147–158.

Lünenschloß, J.: Die mechanische Verfestigung von Vliesen aus Chemiefasern durch Vernadeln – einige neuere Erkenntnisse. Lenzinger Ber., Lenzing/Österr. (1974) 36, S. 136–146.

V. Textilveredlung

Vorbehandlung und Ausrüstung spannungsempfindlicher Synthetik. Wirk.- u. Strick.-Technik **24** (1974) 4, S. 226–228.

Farbstoffe. Textilhilfsmittel

Starikovič, E. E., Kuško, A. A.: Löslichkeit metallhaltiger Dispersionsfarbstoffe in organischen Lösungsmitteln. Izv. vysšich uč. Zav. Technol. tekstil. Prom. (Hochschulnachr. Technol. Textil-Ind.) (1973) 6, S. 100–102.

Bleicherei. Sonstige Vorbehandlungsarbeiten der Textilveredlung

Deschler, O.: Möglichkeiten des kontinuierlichen Bleichens. Tex/Textilis, Gent (1974) 4, S. 54–56, 59–62.

Prelini, G.: Die Kolloide. Textilia, Milano **50** (1974) 3, S. 59–73.

Haberstock, E. W.: Fleckentfernung mit Spritzpistolen. Bekleid. u. Wäsche **26** (1974) 5, S. 304, 306.

Knott, J.: Voruntersuchung des Karbonisierens von Wolle im Lösungsmittel. Ann. sci. textiles belges **21** (1973) 3, S. 266–277.

Färberei

Slaski, K. A., Roberts, A. M.: Färben aus dem Lösungsmittel auf kommerzieller Basis. Textile J. Australis **48** (1973) 8, S. 22–24.

Kobec, N. N., Saribekov, G. S., Androsov, V. F.: Einfluß von Acetonitril auf den Zustand der Dispersionsfarbstoffe im Intensivierungsprozeß des Färbens. Izv. vysšich uč. Zav. Technol. tekstil. Prom. (Hochschulnachr. Technol. Textil-Ind.) (1973) 6, S. 87–90.

Lucas, E.: Gewebesignierfarben – Anwendung und Echtheiten. Textilbetrieb **92** (1974) 3, S. 43–46.

Röhser, H.: Färben von Bändern und Gurten aus Polyesterfäden. Chemiefasern/Textil-Ind. **24/76** (1974) 4, S. 302–304.

Kretschmer, A.: Der Einfluß der Flottentemperatur auf die Druckdifferenz im Färbeapparat. Textil-Praxis internat. **29** (1974) 3, S. 333–334.

Jackiewicz-Kozanecka, L., Miller, J.: Polychromatische Färbung von Textilien mit zweiseitigen bunten Mustereffekten. Przegl. włókienn. (Textil-Rdsch.) (1974) 1, S. 16–18.

Druckerei

Szczepaniak, W.: Einfluß des Trocknens von Drucken auf das Binden von Reaktivfarbstoffen mit Baumwolle. Przegl. włókienn. (Textil-Rdsch.) **28** (1974) 1, S. 18–24.

Ausrüstung

Riedel, D.: Universal-Kontinue-Dekatiermaschine. Chemiefasern/Textil-Ind. **24/76** (1974) 4, S. 304–306.

Whewell, C. S.: Neue Entwicklungen in der Wollveredlung. Textilbetrieb **92** (1974) 3, S. 54–56.

Šargorodskij, A. M., Pišin, G. A., Savel'ev, A. P.: Modifizierung von Polyvinylchlorid während seiner Verarbeitung. Plast. Massy (Plast. Massen) (1974) 2, S. 42–44.

Madaras, G. W., Robinson, C. G.: Betrachtungen über den Einfluß von Quellmitteln bei chemischen Ausrüstungen auf die Eigenschaften von Geweben, die VINCEL 64 enthalten. I. Tex/Textilis, Gent (1974) 4, S. 14–16, 18–19.

Shishoo, R.: Untersuchung der Knittereigenschaften von Wollstoffen. Teil II. Bestimmung gewisser Eigenschaftsänderungen von Fasern nach der Knitterfestausrüstung von Geweben. Textile Res. J. **44** (1974) 1, S. 35–42.

Magin, B.: Der Tumbler in seiner universellen Anwendbarkeit. Melliand Textilber. internat. **55** (1974) 3, S. 285–291.

Wallianos, H.: Steigerung der Garnqualität durch definierte Trocknung. Melliand Textilber. internat. 55 (1974) 3, S. 282–285.
Vasilenok, Ju. I., Kononova, T. A., Konoplev, B. A., Sažin, B. I.: Untersuchung der Adsorption von Antistatika durch Polyolefine. Plast. Massy (Plast. Massen) (1974) 2, S. 61–62.
Seidel, M.: Soil-release, Oleophobieren und Hydrophobieren. Tex/Textilis, Gent (1974) 4, S. 24–25.

Wäscherei. Chemische Reinigung

Rieker, J., Kurz, J.: Untersuchung über den Ablösemechanismus wasserlöslicher Substanzen auf Textilien in Perchloräthylen/Tensid/Wasser-Flottensystemen. Melliand Textilber. internat. 55 (1974) 3, S. 295–298.
Lugert, T.: Abwasserbehandlungsanlage für gewerbliche Wäschereien. Reiniger u. Wäscher 27 (1974) 4, S. 18–19.
Albrecht, R.: Hosen in der Vollreinigung. Reiniger u. Wäscher 27 (1974) 4, S. 22, 24.
Stojnaov, Z., Bodurova, N.: Untersuchung der Adsorption von Tensiden auf Textilien und ihre Bedeutung bei der Chemischreinigung. Tekstil. Prom. (Textil-Ind.), Sofija 27 (1974) 1, S. 23–27.

VI. Werkstoffprüfung. Meß- und Prüftechnik. Standardisierung

Kasparek, J., Stejskal, A.: Ermittlung der Faserorientierung in den Faserbändern und im Garn beim OE-Spinnverfahren. Textiltechnik 24 (1974) 3, S. 168–171.
Gurina, V. I., Solov'ev, A. N.: Einfluß der Arbeitsbedingungen des Gerätes TI-1 auf die Scheuerfestigkeit von Geweben. Izv. vysšich uč. Zav. Technol. legkoj Prom. (Hochschulnachr. Technol. Leichtind.) (1974) 1, S. 9–12.
LeRoy, H. D., Garcia, M. L.: Beobachtungen über die innere Struktur von Cuticula-Zellen des menschlichen Haares durch Raster-Elektronenmikroskopie. Textile Res. J. 44 (1974) 2, S. 136–140.

Materialeigenschaften und Materialfehler

Kasai, P. H., McLeod, D., jr.: ESR-Untersuchung von Regeneratcellulosefasern und -folien. J. physical Chem. 78 (1974) 3, S. 308–309.
Ferguson, J., Patsavoudis, D.: Einfluß der chemischen Struktur auf die rheologischen Eigenschaften von Polyurethanfaserstoffen mit unterschiedlichen Konzentrationen harter Segmente. Rheologica Acta, Darmstadt 13 (1974) 1, S. 72(580)–77(585).
Fujikura, Y.: Beziehung zwischen der Wärmestrahlung und der Oberflächenrauhigkeit von Polymeren. J. Soc. Fiber Sci. Technol. Japan, Tokyo 30 (1974) 2, S. T69–T74. (jap.; engl. Zusammenfass.).
Gupta, B. S.: Strukturuntersuchungen an kontinuierlichen Seidengarnen. Teil I. Untersuchungen mit Modell-Bandgarnen. Textile Res. J. 44 (1974) 2, S. 125–135.
Balasubramanian, N., Nerurkar, S. K.: Festigkeit und Dehnung von Baumwolle, Polyester und Polyester/Baumwolle-Mischungen in verschiedenen Verarbeitungsstufen. Textile Res. J. 44 (1974) 2, S. 106–111.
Bobeth, W., Jacobasch, H.-J.: Zur Bedeutung der physikalisch-chemischen Oberflächenparameter von Chemiefaserstoffen für deren Färbe-, Veredlungs- und Gebrauchseigenschaften. Melliand Textilber. internat. 55 (1974) 3, S. 268–274.
Aref'ev, G. I., Beršev, E. N., Anisimova, T. N.: Untersuchung der Verschleißfestigkeit von Teppichmaterialien. Tekstil. Prom. (Textil. Prom.) (Textil-Ind.), Moskva 34 (1974) 1, S. 76–78.
Baddiel, C. B., Park, A. C.: Der Anteil von Salz-Brücken an der Längsfestigkeit einzelner Haare. J. Textile Inst. 65 (1974) 3, S. 146–148.
Gusev, V. E., Gudim, S. I.: Berechnung der Festigkeit von Garn aus einer Chemiefasermischung. Izv. vysšich uč. Zav. Technol. tekstil. Prom. (Hochschulnachr. Technol. Textil-Ind.) (1973) 6, S. 20–23.
Orlov, I. V., Migljačenko, A. F., Oniščenko, V. F.: Einfluß der Temperatur des Gewebes auf seine Luftdurchlässigkeit. Izv. vysšich uč. Zav. Technol. legkoj Prom. (Hochschulnachr. Technol. Leichtind.) (1974) 1, S. 89–93.
Perrier, D. M., Benerito, R. R.: Eigenschaften von in nichtwäßrigem Medium hergestellter carboxymethylierter Baumwolle. J. appl. Polymer Sci. 17 (1973) 11, S. 3375–3389.
Galyk, I. S., Semak, B. D.: Untersuchung der Knittereigenschaften von Polyester/Baumwoll-Mantelgeweben. Izv. vysšich uč. Zav. Technol. legkoj Prom. (Hochschulnachr. Technol. Leichtind.) (1974) 1, S. 13–18.
Rybal'čenko, V. V., Pavlov, A. I., Gončaruk, A. Z.: Einfluß der statischen Elektrizität auf den Verschleiß von Geweben aus Chemieseiden. Izv. vysšich uč. Zav. Technol. legkoj Prom. (Hochschulnachr. Technol. Leichtind.) (1974) 1, S. 19–22.
Harms, J., Krässig, H.: Schwer entflammbare Zellulosefasern. Lenzinger Ber., Lenzing (Österr.) (1974) 36, S. 214–221.
Holy, G., Glöckner, G.: Über den Einfluß von Industrieschadgasen auf den Lichtabbau von Polyamid-6-Seiden. Faserforsch. u. Textiltechnik/Z. Polymerforsch. 25 (1974) 4, S. 162–166.

Meß- und Prüftechnik

Manin, V. N., Kuznecov, N. V., Gromov, A. N.: Methode zur Untersuchung rheologischer Eigenschaften von viskoelastischen Flüssigkeiten. Zavodsk. Labor. (Betriebslabor) 40 (1974) 2, S. 200–202.
Entwicklung eines vertikalen Entflammbarkeitsprüfkonzepts mit halb eingespanntem Prüfling. Textile Chemist Colorist 5 (1973) 10, S. 27–33.
Paškova, N. A., Paškov, A. N.: Thermokammern zur Prüfung von Polymermaterial. Zavodsk. Labor. (Betriebslabor) 40 (1974) 2, S. 234–235.
Aspland, J. R.: Apparative Farbabmusterungsvorhersagen für Schwefelfarbstoffe. Textile Chemist Colorist 5 (1973) 10, S. 34–38.
McKinnon, J. M., Whiteley, K. J.: Einige Beobachtungen über die objektiven Eigenschaften klassierter Wollschuren. Teil I. Distrikt-Untersuchung. J. Textile Inst. 65 (1974) 3, S. 115–118.
Haase, J.: Theoretische Betrachtungen zur bekleidungshygienischen Bedeutung der Hygroskopizität von Faserstoffen. Faserforsch. u. Textiltechnik/Z. Polymerforsch. 25 (1974) 4, S. 167–169.
Dhingra, R. C., Postle, R.: Die Messung der Drehung in Seidengarnen. Teil I. Versuchsdurchführung. J. Textile Inst. 65 (1974) 3, S. 125–132.
Naka, S., Kamata, Y., Yoshino, J.: Messung der axialen Wärmeleitfähigkeit von Faserstoffen. J. Soc. Fiber Sci. Technol. Japan, Tokyo 30 (1974) 1, S. T9(33)–T16(40).
Butev, V., Kolev, S., Dimov, K.: Die Möglichkeiten des Apparates IN-2 zur Messung der sichtbaren Knitterfestigkeit von Geweben. Ind. usoară, Seria A: Textilă, București 25 (1974) 2, S. 85–89.
Frangi, C.: Prinzipien der Meßmethodik. Textilia, Milano 50 (1974) 3, S. 59–64.
Conti, W., Tassinari, E.: Vereinfachtes kinetisches Modell für den Pill-Mechanismus. J. Textile Inst. 65 (1974) 3, S. 119–125.
Bukreev, V. S., Žižin, G. N., Levina, T. G., Čudnovskij, I. A., Jakovlev, V. A.: Interferenzmethode zur kontaktlosen Messung der Dicke von Polyäthylenterephthalatfolien. Plast. Massy (Plast. Massen) (1974) 3, S. 62–63.
Stabinger, H.: Ein Weitwinkelgoniometer zur Untersuchung von Fasern und amorphen Stoffen. Lenzinger Ber., Lenzing/Österr. (1974) 36, S. 13.
Fuks, Ju. G., Sarkisjan, V. V.: Zum Bestimmungsverfahren der optischen Kennwerte von metallisierten Geweben im sichtbaren Strahlungsbereich mit dem Photometer FMS-56 M. Zavodsk. Labor. (Betriebslabor) 40 (1974) 3, S. 274–276.
Carnaby, G. A.: Ein Verfahren zur Messung des spezifischen Volumens eines Garnes unter besonderer Berücksichtigung von Wollteppichgarnen. Textile Res. J. 44 (1974) 2, S. 121–124.
Roth, J., Siegert, D.: *Unverricht, A.*: Der Einfluß des Kompressionsdruckes hochelastischer Gewirke auf die Blutzirkulation. Wirk.- u. Strick.-Technik 24 (1974) 4, S. 210–211.
Bucev, V., Kolev, St., Kurtev, K., Dimov, K.: Beurteilung der sichtbaren Knitterfestigkeit von textilen Flächengebilden mit dem Meßgerät IN-2. Tekstil. Prom. (Textil-Ind.) Sofija 23 (1974) 1, S. 31–33.
Hinrichsen, G.: Die Ursache von Ordnung und Unordnung in gerecktem Polyacrylnitril. J. appl. Polymer Sci. 17 (1973) 11, S. 3305–3321.

Standardisierung. Terminologie

Rašev, V.: Einige Probleme der Standardisierung in der Textil- und Konfektionsindustrie. Tekstil. Prom. (Textil-Ind.), Sofija 23 (1974) 1, S. 11–13.
Muchamedžanov, G. K.: Über die Ordnung und Standardisierung der Terminologie der Vliesstoffe. Tekstil Prom. (Texil-Ind.), Moskva 34 (1974) 1, S. 67–69.

VII. Betriebstechnik. Ökonomie. Tagungsberichte und dgl.. Sonderfragen

Betriebstechnik

Unger, G.: Technologische Produktionsvorbereitung – wichtiges Objekt für eine Rationalisierung mittels EDVA. Textiltechnik 24 (1974) 4, S. 210–214.
Finkelstein, J., Schmulewitz, Th.: Erforschung der Umwelteinflüsse auf den Arbeiter und deren Differenzierung. Wirk.- u. Strick.-Technik 24 (1974) 4, S. 207–208, 210.
Aramidfaserstoff findet den Radialreifenmarkt. Chem. engng. News 52 (1974) 8, S. 7.
Wiesner, L.: Einsatz des Meßwertlochersystems S 3518.000 in der Textilindustrie. Textiltechnik 24 (1974) 3, S. 160–164.
Vaček, V.: Automatisierte Verarbeitung der Tageserzeugung der Ausrüstungsabteilungen im N.U. Seba und deren Ausnutzung für Steueruug. Textil, Praha 29 (1974) 2, S. 42–45.
Schüer, H. U.: Abwassergabe – Anlaß zum Umdenken in der textilen Wasserwirtschaft. Textilbetrieb 92 (1974) 3, S. 29–33.
Prieur, J.-P.: Kontrolle und Beherrschung des Wassergehalts der Luft in der Klimatisierung. Ind. textile, Paris (1974) 1031, S. 123–125.
Rouba, J.: Bemerkungen zum Problem der Abwasserwirtschaft in der Textilindustrie (Diskussionsaufsatz). Technik włókienn. (Textiltechn.) 23 (1974) 1, S. 25–27.
Pajgrt, O., Fialová, J.: Toxizität der Abwässer aus den Färbereien und Möglichkeiten zu deren Beseitigung. Textil, Praha 29 (1974) 2, S. 58–62.

Ökonomie

Trunov, A. F.: Ökonomische Effektivität einer Vergrößerung der Betriebskapazitäten und der Produktivität einzelner Anlagen. Chim. Volokna (Chemiefaserstoffe), Moskva (1974) 2, S. 47–48.
Gittel, H.-U.: Wissenschaftliche Arbeitsorganisation und ihre Anwendung bei der Texturierseidenherstellung. Textiltechnik 24 (1974) 3, S. 155–158.
Kolomejcva, T. P.: Anwendung ökonomisch-mathematischer Verfahren bei der Untersuchung des Arbeitsaufwandes bei der Herstellung von Erzeugnissen in der Wollindustrie. Izv. vysšich uč. Zav. Technol. tekstil. Prom. (Hochschulnachr. Technol. Textil-Ind.) (1973) 6, S. 6–8.
Quaas, G.: Aufgaben und Entwicklungstendenzen der chemischen Industrie bis 1990. Mitteilungsbl. Chem. Ges. DDR 21 (1974) 3/4, S. 49–53.
Mec, V. A., Afanasenko, S. D.: Analyse der Kalkulation – ein wichtiges Mittel zur Mobilisierung von Produktionsreserven. Tekstil. Prom. (Textil-Ind.), Moskva 34 (1974) 1, S. 30–32.
Pabst, M.: Die Kostenoptimierung von Trocknungsprozessen durch energiebewußte Abluftregelung. Melliand Textilber. internat. 55 (1974) 3, S. 291–294.
Liberman, A. M.: Über die Vervollkommnung der Kennziffern, die bei der Produktionsplanung und der Beurteilung der Tätigkeit von Textilbetrieben verwendet werden. Tekstil. Prom. (Textil-Ind.), Moskva 34 (1974) 1, S. 25–27.
Chemiefaserstoffproduktion erreicht neuen Höhepunkt. Chem. engng. News 52 (1974) 9, S. 11.

Sonderfragen

Holm, B.: Informationsdienst und die Zellstoff- und Papierindustrie. Paperi ja Puu (Papier u. Holz), Helsinki 56 (1974) 3, S. 214–215, 217.
Bauer, K.: Automatisierte Informationsverarbeitung für die Rationalisierung der Forschungsprozesse. Textiltechnik 24 (1974) 3, S. 180–182.
Rebar, H.: Zur Kombination von Desinfektionsmitteln und Waschmitteln – Anforderungen an die Wäschedesinfektion. Fette, Seifen, Anstrichmittel, Ernährungsind. 76 (1974) 3, S. 129–134.
Wigert, H., Emde, W., Stahlkopf, K.: Hygienische Prinzipien der Wäscheversorgung. I. Textilreinigung 21 (1974) 4, S. 116–118.
Krebs-Todesfälle unter PVC-Arbeitern verursachen Sorge. Chem. engng. News 52 (1974) 4, S. 6.
Baldige Entscheidung über Vinylchloridverfügungen. Chem. engng. News 52 (1974) 11, S. 4–5.
Klarheit über Zusammenhänge zwischen Vinylchlorid und Krebs nimmt zu. Chem. engng. News 52 (1974) 7, S. 6.
Davis, W. A.: Herausforderung der Industrie im Jahre 1973 ... Technologie und die äußeren Lebensbedingungen. Textile J. Australia, Jahresausgabe Textile 73 (1973) S. 15–19, 65.

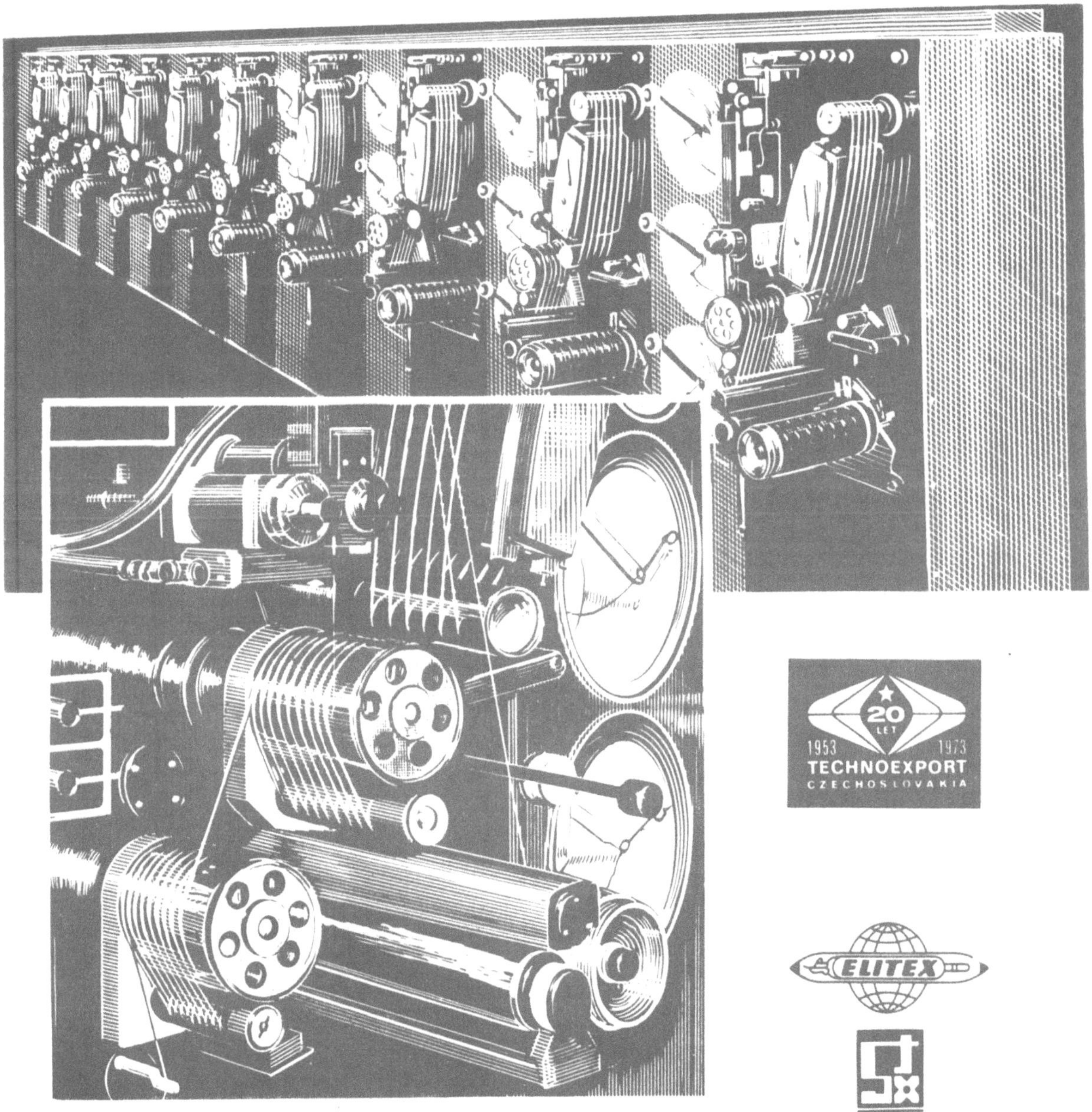

20 LET
1953 1973
TECHNOEXPORT
CZECHOSLOVAKIA

ELITEX

Höherer Gewinn – geringere Kosten

in der Herstellung von Kräuselbändchen durch die

KK-2 Bändchenkräuselmaschine

Die Maschine dient für die Verstreckung, Relaxation und Aufwicklung vom Polyamid- oder Polypropylänbändchen. Es handelt sich um eine Maschine in Baukastenkonstruktion. Standardmäßig hat sie zehn Arbeitsplätze.

Die Bauweise der Maschine entstand aus neuzeitlichen chemisch-technologischen und konstruktiven Erkenntnissen. Die Maschine wird je nach den Kundenanforderungen für die Verarbeitung der Polyamid- oder Polypropylänbändchen eingestellt. Die sinnvolle Konstruktion der Maschine sichert eine vollkommene Bearbeitung der gewählten Materialien. Diese Materialien sind vorwiegend für die Möbelindustrie bestimmt.

technoexport

Aktiengesellschaft für Außenhandel
Václavské nám. 56, 113 34 Praha 1, ČSSR

31 712

Kolibri 360 GmbH
Ferdinand-Jühlke-Straße 7
99095 Erfurt, Deutschland
produktsicherheit@kolibri360.de